VERÖFFENTLICHUNGEN DER FORSCHUNGSANSTALT
FÜR SCHIFFAHRT, WASSER- UND GRUNDBAU
Herausgegeben vom Direktor
Nr. 8

Die modellmäßige Untersuchung von Venturikanälen verschiedener Größe und Form

von

Dr.-Ing. Erich Blau

Mit 153 Abbildungen und 20 Tabellen

AKADEMIE-VERLAG · BERLIN
1960

Erschienen im Akademie-Verlag GmbH, Berlin W 1, Leipziger Straße 3—4
Lizenz-Nr. 202 • 100/513/60

Gesamtherstellung: VEB Druckerei „Thomas Müntzer" Bad Langensalza
Bestellnummer: 2058/8
Printed in Germany
ES 20 E 7

INHALTSVERZEICHNIS

ÜBERSICHT HÄUFIG BENUTZTER BEZEICHNUNGEN

q	= Abfluß, theoretischer Abfluß	m^3/s
q_v	= gemessener Abfluß bzw. wirklicher Abfluß (vollkommen)	m^3/s
q_u	= Abfluß (unvollkommen)	m^3/s
b_1	= Kanalbreite im Oberwasser	m
b_2	= Kanalbreite im engsten Querschnitt	m
b_3	= Kanalbreite im Unterwasser	m
b	$= \frac{b_2}{b_1}$ usw. = Breitenverhältnis oder Kontraktion	
h_1	= Wassertiefe im Oberwasser, bezogen auf die Oberkante Schwelle bzw. auf die Sohle	m
h_2	= Wassertiefe im engsten Querschnitt, bezogen auf die Oberkante Schwelle bzw. auf die Sohle	m
h_3	= Wassertiefe im Unterwasser, bezogen auf die Oberkante Schwelle bzw. auf die Sohle	m
$h_{1,1}$ $h_{1,2}$	= Wassertiefe im Oberwasser an verschiedenen Stellen usw.	m
h_{gr}	= Grenztiefe (Übergang vom Strömen in Schießen) bzw. h_{2gr}, h_{3gr} usw.	m
h_{kr}	= kritische Tiefe für Bou = 1	m
h	= Überströmungshöhe am Eichblech	m
h_e	= $h + 0{,}0011$ nach REHBOCK	m
Δh	= Höhendifferenz	
H	= Energiehöhe z. B. $h_1 + \frac{v_1^2}{2g}$	m
H	$= \frac{h_2}{h_1}$ nach ENGEL $\quad t = \frac{H}{h_1}$ nach KHAFAGI $\quad h = \frac{h_3}{h_1}$ Wassertiefenverhältnis	
f_1	= durchströmter Querschnitt im Oberwasser	m^2
f_2	= durchströmter Querschnitt im engsten Querschnitt	m^2
f_3	= durchströmter Querschnitt im Unterwasser	m^2
f_{gr}	= Grenzquerschnitt mit der Wassertiefe h_{gr}	m^2
v_1	= mittlere Strömungegeschwindigkeit im Oberwasser	m/s
v_2	= mittlere Strömungsgeschwindigkeit im engsten Querschnitt	m/s
v_3	= mittlere Strömungsgeschwindigkeit im Unterwasser	m/s
c	= Grenzgeschwindigkeit $= \sqrt{g \cdot r}$	m/s
$\frac{v^2}{2g}$	= Geschwindigkeitshöhe bzw. $\frac{v_1^2}{2g}, \frac{v_2^2}{2g}$ usw.	m
r	= hydraulischer Radius bzw. r_1, r_2, r_3 usw.	m
u	= benetzter Umfang bzw. u_1, u_2, u_3 usw.	m
i	= Gefälle bzw. i_1, i_2 usw.	
k	= Rauhigkeitswert nach Brahms-Chezy $v = k \cdot \sqrt{r \cdot i}$	$m^{1/2}/s$
α	= Abflußwert bzw. α_1, α_2, α_3 bei vollkommenem Abfluß	
μ	= Abflußbeiwert	
m	= Abflußbeiwert bei unvollkommenem Abfluß	
c	= Abminderungsfaktor bei unvollkommenem Abfluß nach SCHMIDT	
w	= Höhe der Schwelle des Venturi und des Eichbleches	m
g	= Erdbeschleunigung	m/s^2
F_r	= Froudesche Zahl	
R_e	= Reynoldssche Zahl	
Bou	= Boussinesqsche Zahl nach ENGEL	
M	$= \left(\frac{1}{b}\right)^2 \quad z = \frac{h_{2gr}}{h_1} \quad \lambda = \frac{h_{2gr}^3}{h_2'^3}$	
l_D	= Länge des Diffusors	m
l_k	= kritische Länge nach KHAFAGI	m
β	= Neigungswinkel	

A. Vorwort

In der Zeitschrift „Wasserwirtschaft — Wassertechnik“ 1954, Heft 3, berichtet der Verfasser [2] über die in der Abteilung Wasserbau und Schiffahrt der Forschungsanstalt für Schiffahrt, Wasser- und Grundbau auf Veranlassung des Direktors der Forschungsanstalt und „Verdienten Techniker des Volkes“, Oberingenieur Zschiesche, durchgeführten Untersuchungen von Venturikanälen mit rechteckigem Querschnitt.

Diese Versuche wurden vom Verfasser in den folgenden Jahren fortgesetzt und sind nunmehr zu einem gewissen Abschluß gelangt. In den letzten Jahren wurde in zunehmendem Maße die Bedeutung des Venturikanals für Abflußmessungen speziell von verschmutztem oder säurehaltigem Wasser erkannt. Wegen seiner einfachen Konstruktion und Bedienung bürgerte er sich mehr und mehr in der Landwirtschaft und in der Industrie ein. Da die Abteilung Wasserbau und Schiffahrt der Forschungsanstalt für Schiffahrt, Wasser- und Grundbau bei zahlreichen Projekten des In- und Auslandes hinzugezogen wurde, erschien es daher zweckmäßig, die Ergebnisse der bisher in den beiden Versuchsanstalten Potsdam und Karlshorst durchgeführten Untersuchungen zu veröffentlichen und auch den heutigen Stand der Forschung zu zeigen. Mehrere praktische Beispiele wurden eingehend behandelt, um dem Praktiker eine Anleitung für die Berechnung und Konstruktion von Venturikanälen zu geben.

Der Verfasser dankt hiermit allen, die bei der Vorbereitung der Versuche, ihrer Durchführung, bei der Auswertung der Versuchsergebnisse und ihrer berichtsmäßigen Zusammenstellung mitgewirkt haben, besonders neben dem Direktor der Forschungsanstalt den beiden Leitern der Versuchsanstalten Karlshorst und Potsdam, den Oberingenieuren Giese und Thomsen sowie den Versuchsingenieuren Morgenstern und Kebelmann. Den Bericht stellte die Abteilungssekretärin Frau Brisch zusammen, die umfangreichen zeichnerischen Arbeiten führte Frau Waismann, die fotografischen Arbeiten Herr Scheu aus.

Dr.-Ing. Blau

B. Einleitung

DIE BEDEUTUNG DES VENTURIKANALS FÜR ABFLUSSMESSUNGEN

Die Messung des Abflusses in offenen Kanälen ist ein wichtiges wasserwirtschaftliches und wasserbauliches Problem. Bei Bewässerungssystemen ist es oft notwendig, den Abfluß in den Hauptversorgungskanälen sowie in den Zweigkanälen bis zur letzten Entnahmestelle zu messen. Hier besteht die Forderung, ein einfaches, billiges, leicht zu bedienendes Meßgerät zu verwenden, welches keine sich bewegenden Teile hat, keine Sedimentablagerung verursacht, und nicht durch Sediment- und Schwemmstoffe beeinflußt wird. In Anlehnung an das bekannte Venturiprinzip zur Messung des Durchflusses in einer Rohrleitung wurde die Abflußmessung in einem offenen Kanal unter Verwendung einer Einschnürung zuerst in Indien für Messungen in Bewässerungssystemen eingeführt. Trotz der meßtechnischen Vorteile hat die Anwendung des Venturiprinzips in offenen Kanälen noch nicht die entsprechende Verbreitung gefunden. Ähnlich wie beim Venturirohr wird auch hier der Kanalquerschnitt durch eine seitliche Einschnürung und gegebenenfalls durch eine Bodenschwelle mit schwacher Krümmung verengt und dann allmählich wieder erweitert. Die Abmessungen des Kanalmessers werden im allgemeinen so gewählt, daß die Strömungsgeschwindigkeit an der engsten Stelle größer als die „kritische Geschwindigkeit" — die Fortpflanzungsgeschwindigkeit der Oberflächenwellen — wird. In diesem Fall tritt der unter der Bezeichnung „Schießen" bekannte Strömungszustand in der Einschnürung ein. Die Abflußmessung vereinfacht sich dadurch sehr, weil der Abfluß nur noch von der Wassertiefe im Oberwasser abhängig ist. Herrscht im Unterwasser, also hinter der Einschnürung, strömender Abfluß, so bildet sich dort beim Übergang vom Schießen in Strömen ein hydraulischer Sprung. Es sind daher in der Literatur für dieses Meßgerät die Bezeichnungen „Venturikanal" oder „kritischer Abflußmesser" sowie „hydraulischer Sprungmesser" gebräuchlich, und jeder Ausdruck hat seine Berechtigung. Da sich in Deutschland allgemein der Ausdruck „Venturikanal" eingebürgert hat, soll in dem folgenden Bericht dieser Ausdruck Anwendung finden. Der Venturikanal hat die folgenden wesentlichen Vorzüge:

1. Der Hauptquerschnitt des Kanals ist frei, also nicht — wie die meisten Meßwehre — verbaut. Infolgedessen kann der Venturikanal auch zur Messung stark verschmutzter Abwässer benutzt werden.
2. Die Energieumwandlung ist gering. Selbst bei einem „vollkommenen Venturikanal", bei dem der Oberwasserspiegel bei gleichbleibendem Zufluß unabhängig von der Lage des Unterwasserspiegels wird, kann ein kleiner Höhenverlust zwischen den beiden Wasserspiegeln bei strömungstechnisch guter Ausbildung des Venturikanals erreicht werden. Die Verluste betragen in diesem Fall 6—10%, d. h. der Rückgewinn in der Höhe des Unterwasserspiegels kann bis zu 94—90% der Höhe des Oberwasserspiegels betragen.

Der Venturikanal ist daher auf Grund seiner hervorragenden Eigenschaften — Unempfindlichkeit gegen Verunreinigungen, geringer Gefälleverlust, einfache Wirkweise — ein geeignetes Gerät für die Abflußmessungen. Bei einfacher Betriebsüberwachung kann er in Be- und Entwässerungsanlagen, in Wasserwerken, Wasserkraftwerken, Talsperren, in industriellen Betrieben für die Messungen von Kühlwasser, Brauchwasser oder chemischen Flüssigkeiten Verwendung finden. Auch in den Wasserbaulaboratorien ist eine vielseitige Verwendungsmöglichkeit gegeben, weil der Gefälleverlust bedeutend geringer ist als bei den sonst üblichen Meßwehren. Es werden meist bei den Großmodellversuchen Propellerpumpen mit einer großen Fördermenge und verhältnismäßig geringen Druckhöhen verwandt. In diesem Falle sind Meßeinrichtungen mit geringen Druckhöhenverlusten sehr erwünscht. Die Abteilung Wasserbau und Schiffahrt der Forschungsanstalt für Schiffahrt, Wasser- und Grundbau führte daher in ihren beiden Versuchsanstalten in Karlshorst und Potsdam umfangreiche Modellversuche im großen Maßstab durch, um die Genauigkeit der Abflußmessung durch Venturikanäle und ihren Gefälleverlust festzustellen. Hierbei wurden verschiedene Bauformen des Venturikanals mit langen und kurzen Diffusoren, vereinfachte Bauformen, der Einfluß des Breitenverhältnisses, der Schwellenhöhe und der Form der Schwelle untersucht. Über diese Messungen und die erzielten Ergebnisse wird eingehend berichtet und auch ausführlich auf die bekanntesten Veröffentlichungen über Venturikanäle eingegangen. In einem besonderen Abschnitt werden mehrere Berechnungen von Venturikanälen durchgeführt, um die Projektierung und den Bau dieser Meßeinrichtungen zu erleichtern und zu fördern.

C. Der jetzige Stand der Forschung

I. THEORETISCHE BETRACHTUNGEN

1. Berechnung des Abflusses

Die meisten der bis heute bekannten Gleichungen zur Bestimmung der Größe der Venturikanäle stützen sich auf das Theorem von BERNOULLI. Die Reibung und Kontraktion werden durch Einführung eines dimensionslosen Beiwertes α berücksichtigt. Gemäß der Prinzipskizze Abb. 1 ist ohne Berücksichtigung der Reibung

$$w + h_1 + \frac{v_1^2}{2g} = w + h_2 + \frac{v_2^2}{2g} = w + H. \tag{1}$$

Ferner ist für einen rechteckigen Kanal:

$$v_1 = \frac{q}{b_1 (h_1 + w)} \quad \text{und} \quad v_2 = \frac{q}{b_2 h_2},$$

$$h_1 + \frac{q^2}{b_1^2 (h_1 + w)^2 \, 2g} = h_2 + \frac{q^2}{b_2^2 h_2^2 \, 2g},$$

$$q = \frac{b_2 h_2 \sqrt{2g (h_1 - h_2)}}{\sqrt{1 - \frac{b_2^2 h_2^2}{b_1^2 (h_1 + w)^2}}}.$$

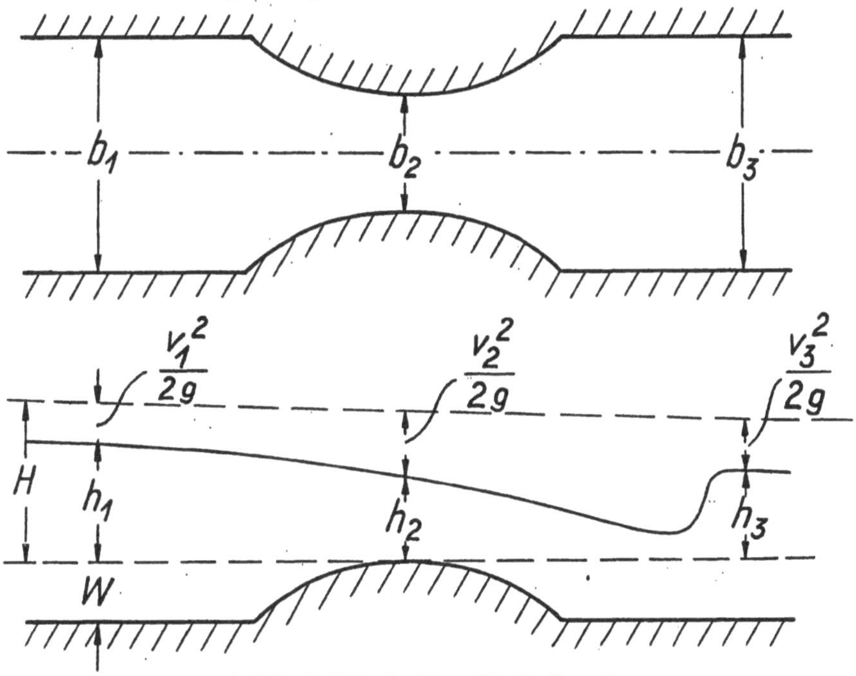

Abb. 1. Prinzipskizze Venturikanal

Die allgemeine Durchflußgleichung für den Venturikanal lautet somit

$$q_v = \alpha \frac{b_2 h_2 \sqrt{2\,g\,(h_1 - h_2)}}{\sqrt{1 - \frac{b_2^2 h_2^2}{b_1^2 (h_1 + w)^2}}}, \qquad (2)$$

wobei α der Abflußbeiwert ist, der die Reibung und Kontraktion berücksichtigt. Die Bestimmung des Abflusses mittels dieser Gleichung (2) setzt voraus, daß h_1 und h_2 bekannt sind. Während die manometrische Höhe h_1 des ungestörten Oberwasserspiegels einwandfrei gemessen werden kann, ist eine genaue Bestimmung von h_2 schwieriger. Es ist jedoch möglich, den Abfluß q allein zur manometrischen Höhe h_1 bzw. zur Energiehöhe H in Beziehung zu setzen, wenn schießende Strömung im engsten Querschnitt vorhanden ist. Dieser Zustand ist vorhanden, wenn eine noch so geringe Änderung des Unterwasserspiegels keinen Einfluß mehr auf den Oberwasserspiegel hat.

$h_{2\,gr} = \sqrt[3]{\frac{q^2}{b_2^2\,g}}$ ist die Grenztiefe für ein Rechteckprofil, bei der die Oberwasserspiegellage unabhängig von der Unterwasserspiegellage wird. Für diesen Fall kann das Minimalprinzip angewendet werden:

$$v_3 = \sqrt{2\,g\,(H - h_2)}$$

oder

$$q = b_2 h_2 \sqrt{2\,g\,(H - h_2)}, \qquad (3)$$

$$q^2 = b_2^2 h_2^2\, 2\,g\,(H - h_2),$$

$$2\,q\,dq = b_2^2\, 2\,g\,H\, 2\,h_2\,dh_2 - b_2^2\, 2\,g\, 3\,h_2^2\,dh_2,$$

$$\frac{dq}{dh_2} = \frac{b_2^2\, 2\,g\,H\,h_2 - b_2^2\, 2\,g\,\frac{3}{2}\,h_2^2}{q} = 0,$$

$$H = \frac{3}{2}\,h_2. \qquad (4)$$

Gleichung 4, in Gleichung 3 eingesetzt, ergibt:

$$q = \frac{2}{3}\,b_2\,H \sqrt{2\,g\left(H - \frac{2}{3}\,H\right)},$$

$$q = \frac{2}{3\sqrt{3}}\,b_2 \sqrt{2\,g}\,H^{3/2}.$$

Unter Berücksichtigung der Reibungsverluste im Zufluß wird

$$q_v = \alpha_1 \frac{2}{3\sqrt{3}}\,b_2 \sqrt{2\,g}\,H^{3/2}, \qquad \text{wobei} \qquad H = h_1 + \frac{v_1^2}{2\,g}. \qquad (5)$$

Diese allgemein bekannte Gleichung ist ähnlich wie die Abflußformel für Wehre aufgebaut. Jedoch ist bei ihrer Anwendung nachteilig, daß auf der rechten Seite die Zuflußgeschwindigkeit $v_1 = \frac{q}{f_1}$ steht. Die Gleichung läßt sich daher nur schrittweise lösen. Wenn man die Geschwindigkeitshöhe im Zulauf vernachlässigt, wird

$$q_v = \alpha_2 \frac{2}{3\sqrt{3}}\,b_2 \sqrt{2\,g}\,h_1^{3/2}. \qquad (6)$$

Diese Formel bildet die Grundlage für die mechanische Registrierung des Abflusses in Venturikanälen, denn $q_v = f(h_1^{3/2})$. Wird die Oberwassertiefe h_1 durch einen Pegel gemessen, so kann diese Größe durch Zwischenschaltung einer entsprechenden mechanischen Übertragung, z. B. einer Kurvenscheibe, durch den zugehörigen Abfluß ersetzt werden. Die mit dem Pegel verbundenen Anzeigegeräte zeigen nach entsprechender Eichung dann direkt den Abfluß an.

In der Abb. 2 ist die Gleichung (5) nomographisch unter der Voraussetzung $\alpha = 1$ dargestellt. Da α bei freiem Abfluß, wie später gezeigt wird, bis zu $H = 0{,}35$ m wenig von 1 abweicht, gestattet dieses Nomogramm sofort bei angenommenen Werten von H und b_2 den Abfluß q zu bestimmen. Das Nomogramm ist daher für die Projektierung von Venturikanälen unter der Voraussetzung einer schießenden Strömung im engsten Querschnitt sehr zweckmäßig.

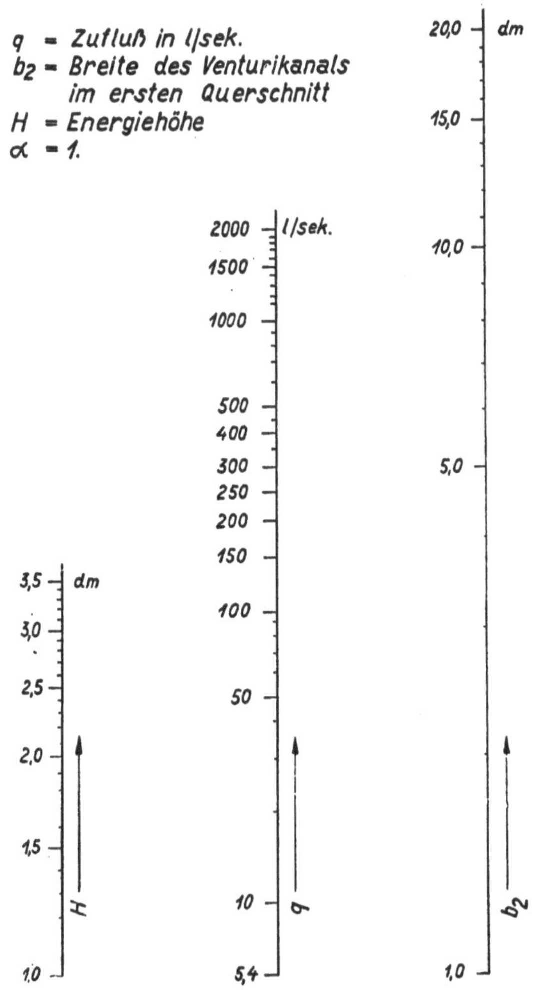

Abb. 2. Nomogramm für Venturigleichung,
$q = \alpha \dfrac{2}{3\sqrt{3}} b_2 \sqrt{2g} \cdot H^{3/2}$

Weitere Abflußformeln sind im folgenden Abschnitt C II 2 angegeben. Verschiedene Autoren greifen auf die folgende theoretische Ableitung für die Abflußformel zurück. Verwendet werden die Bernoullische Gleichung (1) sowie die Gleichung für die minimale Energiehöhe (4), ferner die Gleichung für die Grenztiefe

$$h_{2gr} = \sqrt[3]{\frac{q^2}{b_2^2 g}} . \tag{7}$$

Dann gilt

$$\left.\begin{aligned} H &= h_1 + \frac{v_1^2}{2g} = \frac{3}{2} h_{2gr} , \\ h_1 &+ \frac{q^2}{b_1^2 \, 2g \, h_1^2} = \frac{3}{2} h_{2gr} . \end{aligned}\right\} \tag{8}$$

Gl. (7) und (8) ergeben:

$$h_1 + \frac{h_{2gr}^3 \, b_2^2}{2 \, b_1^2 h_1^2} = \frac{3}{2} h_{2gr} . \tag{9}$$

Die Einführung der dimensionslosen Größen

$$b = \frac{b_2}{b_1}$$

und $$z = \frac{h_{2gr}}{h_1}$$

bzw. $$M = \left(\frac{1}{b}\right)^2 = \left(\frac{b_1}{b_2}\right)^2 ,$$

wobei b die Kontraktion ist, ergibt:

$$z^3 - 3Mz + 2M = 0 . \tag{10}$$

Die Gleichung hat 3 reelle Wurzeln. Eine ist negativ und scheidet aus. Von den beiden anderen positiven Wurzeln muß die kleinste gewählt werden, da sie der ruhigeren Zuströmung entspricht.

$$z_1 = 2\sqrt{M} \cos\left(\frac{\pi + \cos^{-1}\sqrt{\frac{1}{M}}}{3}\right) \quad \text{oder} \quad z_1 = \frac{2}{b} \cos\left(\frac{\pi + \cos^{-1} b}{3}\right) . \tag{11}$$

Nach Gl. (7) ist

$$h_{2\,gr}^3 = \frac{q^2}{b_2^2 g} = z_1^3 h_1^3 \,,$$

$$q = z_1^{3/2} b_2 \sqrt{g}\, h_1^{3/2} \qquad \text{oder} \qquad q = \mu\, b_2 \sqrt{2\,g}\, h_1^{3/2} \,, \tag{12}$$

wobei

$$\mu = \frac{z_1^{3/2}}{\sqrt{2}} = 2 \sqrt{\frac{1}{b^3} \cos^3\left(\frac{\pi}{3} + \frac{1}{3} \cos^{-1} b\right)} \cdot \tag{13}$$

gesetzt wurde. μ hängt von b ab (siehe auch Kap. C II 3 und C II 4), weil q zu h_1 in Beziehung gebracht wurde. Betrachtet man die Gl. (13), so nähert sich μ dem Wert 0,385 wenn $b \to 0$ und μ geht gegen 0,707 wenn $b \to 1$. $\mu = 0{,}385$ ist gleich dem theoretischen Abflußkoeffizienten für ein breitkroniges Wehr. Auch der Beiwert $\frac{2}{3\sqrt{3}}$ der Gl. (6) ist gleich 0,385.

Die theoretisch gefundene Abflußformel (12)

$$q = \mu\, b_2 \sqrt{2\,g}\, h_1^{3/2}$$

weicht von dem wirklichen Abfluß q_v ab, weil die Strömung durch die Einschnürung nicht vollständig gerade verläuft und Verluste auftraten. Daher gilt

$$q_v = \alpha \cdot \mu \cdot b_2 \sqrt{2\,g}\, h_1^{3/2} \,, \qquad \alpha = \frac{q_v}{q} \,. \tag{14}$$

2. Berechnung der Grenztiefe

Von besonderem Interesse ist neben der Bestimmung des Abflusses auch die theoretische Ermittlung der Grenztiefe bzw. des Grenztiefenverhältnisses $\frac{h_3}{h_1}$, denn bei Überschreitung dieser Größe tritt unvollkommener Abfluß ein und der Unterwasserspiegel beeinflußt das Oberwasser. Rein äußerlich ist diese Änderung dadurch zu erkennen, daß die Deckwalze im Unterwasser sehr schwach wird und bei weiterem Anstieg des Unterwassers dort eine gewellte Oberfläche eintritt.

De Marchi ermittelte diesen Grenzzustand theoretisch unter folgender Annahme:

1. Der hydraulische Sprung breitet sich über dem gesamten Kanal aus,
2. der Gefälleverlust bis zum Wechselsprung wird vernachlässigt,
3. der Boden sei eben, so daß der Wechselsprung als ein plötzlicher Anstieg des Wasserspiegels angenommen werden kann.

Die Differenz zwischen der Energiehöhe H stromaufwärts und der Wassertiefe h_3 stromabwärts vom Sprung sei mit Δ bezeichnet. Der Grenzfall tritt ein, wenn Δ ein Minimum wird und im engsten Querschnitt noch die Grenztiefe $h_{2\,gr}$ vorhanden ist.

Kurz oberhalb des Sprunges sei die Wassertiefe h_2' und die Kanalbreite b_2'. Dann ist

$$H = \frac{2}{3} h_{2\,gr} = h_2' + \frac{q^2}{2\,g\, h_2'^2\, b_2'^2} = h_2' + \frac{h_{2\,gr}'^3}{2\, h_2'^2} \,, \tag{15}$$

wobei die folgenden Abkürzungen eingeführt werden:

$$h_{2\,gr} = \sqrt[3]{\frac{q^2}{g\,b_2^2}} \qquad \text{und} \qquad h'_{2\,gr} = \sqrt[3]{\frac{q^2}{g\,b_2'^2}}\,, \tag{16}$$

$$\left.\begin{aligned} h_{2\,gr}^3\, b_2^2 &= \frac{q^2}{g} \qquad \text{und} \quad h_{2\,gr}'^3\, b_2'^2 = \frac{q^2}{g}\,,\\ h_{2\,gr}^3\, b_2^2 &= h_{2\,gr}'^3\, b_2'^2\,,\\ h_{2\,gr}'^3 &= h_{2\,gr}^3\, b^2 \qquad \text{mit} \qquad b = \frac{b_2}{b_2'} = \frac{b_2}{b_3} = \frac{b_2}{b_1}\,. \end{aligned}\right\} \tag{17}$$

Aus (15) und (16) und (17) folgt daher

$$H = \frac{3}{2} h_{2\,gr} = h_2' + \frac{h_{2\,gr}^3\, b^2}{2\, h_2'^2}\,. \tag{18}$$

Beachtet man die Gleichung für den Wechselsprung, wobei h_2' die Wassertiefe vor dem Sprung und h_3 nach dem Sprung bedeutet, so gilt

$$h_3 = -\frac{h_2'}{2} + \sqrt{\frac{h_2'^2}{4} + \frac{2\,q^2}{g\,h_2'\,b_2'^2}}$$

oder nach Gl. (16)

$$h_3 = -\frac{h_2'}{2} + \sqrt{\frac{h_2'^2}{4} + \frac{2\,h_{2\,gr}'^3}{h_2'}}\,. \tag{19}$$

Unter Berücksichtigung von Gl. (17), (18) und (19) folgt

$$\left.\begin{aligned} \varDelta &= \frac{3}{2} h_{2\,gr} - h_3 = h_2' + \frac{h_{2\,gr}'^3}{2\,h_2'^2} + \frac{h_2'}{2} - \sqrt{\frac{h_2'^2}{4} + \frac{2\,h_{2\,gr}'^3}{h_2'}}\,,\\ \varDelta &= \frac{3}{2} h_2' + \frac{h_{2\,gr}^3\, b^2}{2\,h_2'^2} - \sqrt{\frac{h_2'^2}{4} + \frac{2\,h_{2\,gr}^3\, b^2}{h_2'}}\,. \end{aligned}\right\} \tag{20}$$

Wird zur Vereinfachung $\lambda = \frac{h_{2\,gr}^3}{h_2'^3}$ eingeführt, so entsteht

$$\frac{\varDelta}{h_{2\,gr}} = \frac{3}{2}\frac{h_2'}{h_{2\,gr}} + \frac{h_2'\, b^2\, \lambda}{2\, h_{2\,gr}} - \sqrt{\frac{h_2'^2}{4\, h_{2\,gr}^2} + \frac{2\, h_{2\,gr}\, b^2}{h_2'}}\,,$$

$$\frac{\varDelta}{h_{2\,gr}} = \frac{1}{2\sqrt[3]{\lambda}}\left(3 + b^2\lambda - \sqrt{1 + 8\, b^2 \lambda}\right).$$

Da $\varDelta$ ein Minimum werden soll, ergibt sich durch Differentiation nach λ für $\frac{d\varDelta}{d\lambda}$ der Wert Null:

$$\left.\begin{aligned} &\frac{1}{2\sqrt[3]{\lambda}}\left(b^2 - \frac{8\,b^2}{2\sqrt{1 + 8\,b^2\lambda}}\right) - \left(3 + b^2\lambda - \sqrt{1 + 8\,b^2\lambda}\right)\frac{1}{6\sqrt[3]{\lambda^4}} = 0\,,\\ &\lambda\, b^2 - \frac{4\,b^2\lambda}{\sqrt{1 + 8\,b^2\lambda}} - 1 - \frac{\lambda\, b^2}{3} + \sqrt{\frac{1 + 8\,b^2\lambda}{9}} = 0\,,\\ &\frac{2}{3}\lambda\, b^2\sqrt{1 + 8\,b^2\lambda} - 4\,\lambda\, b^2 - \sqrt{1 + 8\,b^2\lambda} + \frac{1}{3} + \frac{8}{3}\lambda\, b^2 = 0\,,\\ &\left(\frac{2}{3}\lambda\, b^2\sqrt{1 + 8\,b^2\lambda} - \sqrt{1 + 8\,b^2\lambda}\right)^2 = \left(\frac{4}{3}\lambda\, b^2 - \frac{1}{3}\right)^2,\\ &8\,\lambda^3 b^6 - 27\,\lambda^2 b^4 + 17\,\lambda\, b^2 + 2 = 0\,. \end{aligned}\right\} \tag{21}$$

Division durch $b^2 \lambda - 1$ ergibt

$$8\, b^4 \lambda^2 - 19\, b^2 \lambda - 2 = 0\,.$$

Dies ist eine Gleichung 2. Grades für $b^2 \lambda$. Für die 1. Wurzel derselben findet man

$$b^2 \lambda_1 = 2{,}4760\,,$$

daher entsteht

$$\left.\begin{aligned} \frac{\Delta_{min}}{h_{2\,gr}} &= \frac{1}{2\sqrt[3]{\lambda_1}}\left(3 + b^2 \lambda_1 - \sqrt{1 + 8\, b^2 \lambda_1}\right) = 0{,}338\, b^{2/3}\,, \\ h_3 &= \frac{3}{2} h_{2\,gr} - \Delta = h_{2\,gr}\left(\frac{3}{2} - 0{,}338\, b^{2/3}\right). \end{aligned}\right\} \qquad (22)$$

Nach Gl. (16) und (12) wird $h_{2\,gr}^3 = \dfrac{q^2}{g\, b_2^2} = 2\, \mu^2 h_1^3$

$$h_1 = \frac{1}{\sqrt[3]{2\, \mu^2}}\, h_{2\,gr}\,, \qquad (23)$$

$$\frac{h_3}{h_1} = \sqrt[3]{2\, \mu^2}\left(\frac{3}{2} - 0{,}338\, b^{2/3}\right). \qquad (24)$$

In diesem Fall hängt μ gemäß Gl. (13) von b ab. Die Gl. (24) kann zur angenäherten Berechnung von $\dfrac{h_3}{h_1}$ verwendet werden. Jedoch hängt dieses Verhältnis, wie in den nächsten Abschnitten gezeigt wird, noch von anderen Faktoren ab. Durch die Untersuchung zahlreicher Venturikanäle seitens der Forschungsanstalt wird es in den meisten Fällen möglich sein, das richtige Grenztiefenverhältnis für die jeweilige Form des Venturikanals festzulegen.

II. DIE UNTERSUCHUNGEN ANDERER INSTITUTE

1. Der Parshall-Abflußmesser

Abb. 3 zeigt eine Prinzipskizze dieser bereits viel in Amerika verwendeten Meßeinrichtung. Besonders bemerkenswert ist hierbei, daß 1. die Oberwasser-Meßstelle im konischen Teil des Zulaufs liegt, 2. im Gegensatz zu anderen Ausführungen die konische Einschnürung bis zum engsten Querschnitt verhältnismäßig lang ist und 3. die Sohle im engsten Querschnitt nicht horizontal sondern nach unten geneigt ist. Wegen dieser besonderen Form der Sohle wird die Ausführung in der Literatur als „verbesserter Venturikanal" bezeichnet. Gegenüber der Ausführung mit ebener Sohle wird auch bei kleinem Oberwasser ein „freier Abfluß" erzielt. Der „freie Abfluß" ist dadurch gekennzeichnet, daß das Unterwasser keine Rückwirkung auf das Oberwasser ausübt. Wie später gezeigt wird, tritt der freie Abfluß bei kleinen Überströmungshöhen auch bei einem Venturikanal mit flach gekrümmter Schwelle oder bei einem Dreieck- bzw. Trapezquerschnitt auf. Die für eine bestimmte Ausführung des Parshall-Abflußmessers empirisch ermittelten Abflußgleichungen können auf andere Größenverhältnisse nicht sicher angewendet werden. Dies drückt sich in den vielen, in der Literatur angegebenen Formeln für die verschiedenen Größenverhältnisse aus, die nachstehend, wie in der Literatur angegeben, nach Zoll und Fuß zusammengestellt sind:

1. $b_2 = 3$ Zoll: $q_v = 0{,}992\ h_1^{1{,}547}$,
2. $b_2 = 6$ Zoll: $q_v = 2{,}06\ h_1^{1{,}58}$,
3. $b_2 = 9$ Zoll: $q_v = 3{,}07\ h_1^{1{,}53}$,
4. $b_2 = 1$—8 Fuß: $q_v = 4\ b_2\ h_1^{1{,}522}\ b_2^{0{,}026}$
5. $b_2 > 8$ Fuß: $q_v = (3{,}6875\ b_2 + 2{,}5)\ h_1^{1{,}6}$

q_v in Kubikfuß/sek
h_1 in Fuß
b_2 in Fuß
1 Zoll = 25,4 mm
1 Fuß = 30,48 cm
1 Kubikfuß pro sek = 28 316 cm³ pro sek.

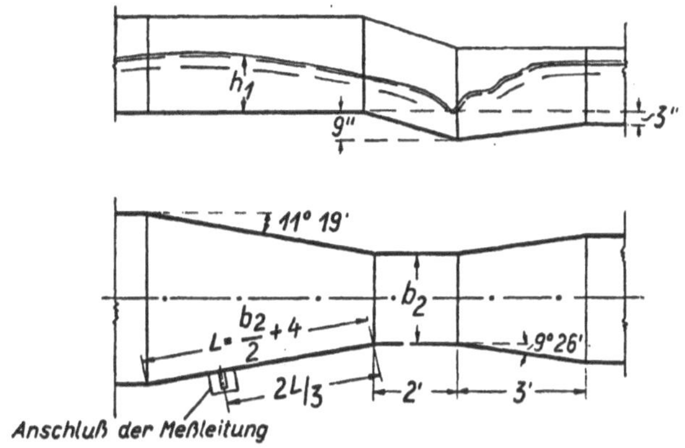

Abb. 3. Parshall-Abflußmesser

2. Die Modellversuche von Engel

Engel [10]—[14] untersuchte Venturikanäle von der in der Abb. 4 dargestellten Form. Die Sohle war eben und besaß keine Schwelle. In der Tab. 1 sind die Ergebnisse mehrerer

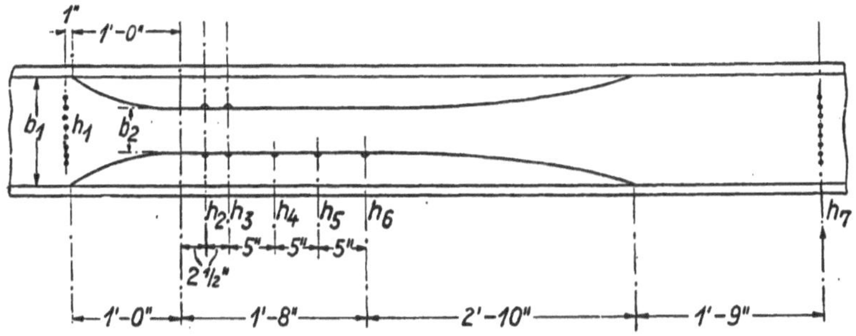

Abb. 4. Venturikanal nach Engel

Versuchsreihen und die damit errechneten Abflußbeiwerte α, α', α_F, α'_F zusammengestellt. Es wurden die folgenden Abflußformeln verwendet (theoretische Untersuchungen s. C I):

$$1.\quad q_v = \alpha \frac{h_2\, b_2}{\sqrt{1 - \left(\frac{h_2\, b_2}{h_1\, b_1}\right)^2}} \sqrt{2\, g\, (h_1 - h_2)}\ ;$$

$$2.\quad q_v = \alpha'\, h_2\, b_2 \sqrt{2\, g\, (h_1 - h_2)}\ ;$$

$$3.\quad q_v = 3{,}09\ \alpha'_F\, b_2\, h_1^{3/2}\ ,$$

$$4.\quad q_v = 3{,}09\ \alpha_F\, b_2\, H^{3/2}, \quad H = h_1 + \frac{V_1^2}{2\, g}\, .$$

Tabelle 1 nach Engel

1	2	3	4	5	6	7	8	9	10	11	12
Versuch Nr.	q l/sek.	h_2 cm	h_3 cm	h_7 cm	b_1 cm	b_2 cm	$\frac{1}{\sqrt{1-\left(\frac{h_2 b_2}{h_1 b_1}\right)^2}}$	α	α'	α_F	α'_F
1	46,783	36,79	29,07	20,46	31,30	12,48	1,0535	0,9990	1,0525	0,9525	0,9854
26	44,556	35,74	28,20	20,04	31,30	12,44	1,0529	0,9963	1,0491	0,9507	0,9831
27	44,556	35,74	28,28	20,33	31,30	12,44	1,0533	0,9985	1,0517	0,9507	0,9831
2	42,814	34,59	27,19	19,23	31,30	12,47	1,0531	0,9999	1,0530	0,9567	0,9901
3	37,563	31,73	24,79	17,60	31,30	12,46	1,0522	0,9955	1,0475	0,9562	0,9893
76	36,467	31,62	24,76	17,63	31,30	12,32	1,0511	0,9853	1,0356	0,9454	0,9765
5	33,145	29,27	22,73	16,40	31,30	12,45	1,0515	0,9885	1,0394	0,9531	0,9861
9	28,088	26,25	20,15	14,60	31,30	12,42	1,0499	0,9828	1,0318	0,9539	0,9873
35	27,833	26,27	20,20	15,16	31,30	12,37	1,0496	0,9780	1,0266	0,9485	0,9800
12	22,266	22,51	16,95	12,92	31,30	12,42	1,0479	0,9724	1,0190	0,9522	0,9847
53	22,110	22,62	17,05	12,88	31,20	12,34	1,0477	0,9655	1,0115	0,9448	0,9769
16	16,987	18,75	13,90	10,77	31,20	12,40	1,0462	0,9726	1,0176	0,9570	0,9897
17	13,050	15,69	11,42	9,15	31,20	12,40	1,0447	0,9717	1,0151	0,9600	0,9932
19	9,580	12,76	9,09	7,65	31,10	12,38	1,0428	0,9713	1,0128	0,9617	0,9958
61	9,279	12,62	8,99	7,65	31,10	12,29	1,0422	0,9641	1,0048	0,9547	0,9877
92	5,140	8,59	6,01	5,65	31,00	12,26	1,0407	0,9551	0,9940	0,9453	0,9767

Ferner wurden von Engel noch eingehend die folgenden Formeln behandelt:

$$5.\quad q_v = \frac{3{,}09\,\alpha_F\, b_2\, h_1^{3/2}}{\sqrt{1-\frac{4}{9}\left(\frac{b_2}{b_1}\right)^2}}\,;$$

$$6.\quad q_v = \alpha''_F\, H^{3/2} \sqrt{g}\; b_2\, h_1^{3/2}\,,$$

wobei $H = \frac{h_2}{h_1}$ gesetzt wurde. Die Größe H wird unter Verwendung einer Gleichung dritten Grades bestimmt:

$$H^3 - \frac{1}{b^2}(3\,H - 2) = 0, \quad \text{wobei} \quad b = \frac{b_2}{b_1}$$

ist, siehe auch Gl. (12) u. (13).

Auf Grund seiner eingehender Untersuchungen führt Engel für di e Venturikanäle eine dimensionslose Kennzahl, die Boussinesqsche Zahl *(Bou)* als charakteristische Größe für die Kennnzeichnung des Strömungsvorganges ein und setzt sie in Beziehung zum Abflußbeiwert α. *Bou* wird wie folgt definiert:

$$Bou = \frac{v}{\sqrt{g\,r}} = \frac{v_{2m}}{\sqrt{g\,\frac{2\,b_2\,h_2}{2\,h_2 + b_2}}}\,.$$

Hierbei bedeuten: v_{2m}, die mittlere Geschwindigkeit im engsten Querschnitt, r, der hydraulische Radius, der zu $r = \frac{2 \times \text{Querschnittsfläche}}{\text{benetzter Umfang}}$ gewählt wurde.

Diese Boussinesqsche Zahl ist ihrem dimensionalen Aufbau nach eine Froudesche Zahl mit dem mittleren hydraulischen Radius als Längendimension.

Engel trifft auf Grund seiner umfangreichen Messungen folgende Feststellung:

1. Im Gebiet der laminaren Strömung ist α nur eine Funktion der Reynoldsschen Zahl $\alpha = f(Re)$.

2. Im Gebiet der turbulenten Strömung besteht eine Abhängigkeit von der Reynoldsschen und der Boussinesqschen Zahl, $\alpha = f(Re, Bou)$.
3. Im Gebiet der schießenden Strömung ist α nur von der Boussinesqschen Zahl abhängig $\alpha = f(Bou)$.

Abb. 5 zeigt den Abflußbeiwert in Beziehung zur Boussinesqschen Zahl. Nicht unerwähnt sollen die von ENGEL zum Vergleich angeführten Messungen von WILSON und WRIGHT bleiben, deren Ergebnisse mit denen von ENGEL in bezug auf die *Bou*-Zahl und den Abflußbeiwert übereinstimmen.

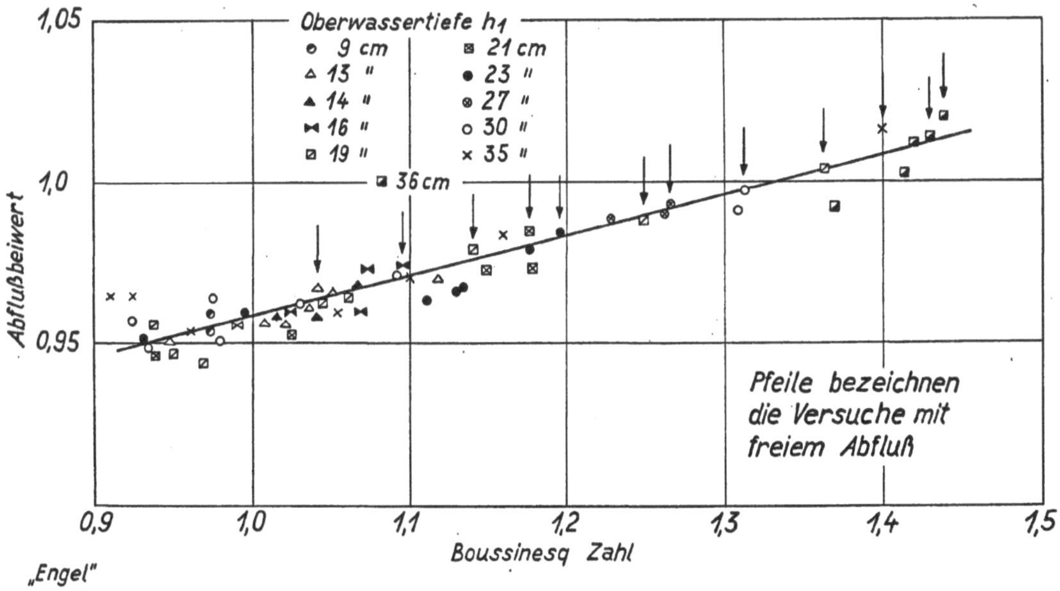

Abb. 5. Abflußbeiwert in Beziehung zur Bou-Zahl nach ENGEL

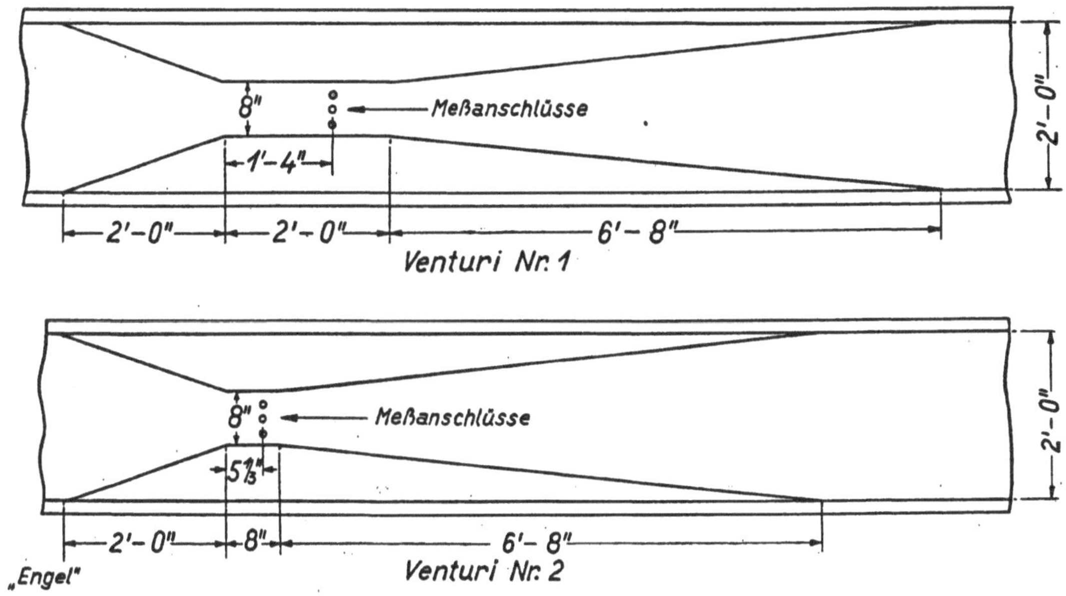

Abb. 6. Venturikanäle nach WILSON und WRIGHT

Abb. 6 zeigt die beiden von WILSON und WRIGHT untersuchten Venturikanäle im Grundriß.

Auf Abb. 7 sind die Abflußbeiwerte für diese beiden Venturikanäle in Beziehung zur Boussinesqschen Zahl dargestellt.

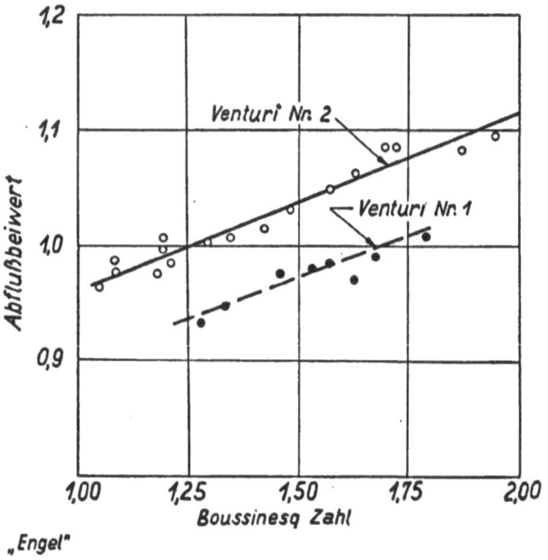

Abb. 7. Abflußbeiwert in Beziehung zur Bou-Zahl nach WILSON und WRIGHT

3. Die Modellversuche von DE MARCHI [8]

Die Abb. 8—10 zeigen einige der typischen von DE MARCHI untersuchten Bauformen mit und ohne Schwelle. Neben der Messung der Wasserspiegellinie bei verschiedenen Abflüssen wurde auch die Druckverteilung an der Sohle gemessen. Wie aus Abb. 10 zu ersehen ist, wurden der durch Rechnung ermittelte Abfluß q und der gemessene Abfluß q_v in Beziehung zur Oberwassertiefe h_1 und zur Unterwassertiefe h_3 gesetzt. Das Verhältnis $c = \frac{q_v}{q}$ wurde ebenfalls dargestellt, ferner der Grenzabfluß — der Umschlag vom Schießen in Strömen —, bei dem der Einfluß der Unterwassertiefe h_3 auf die Oberwassertiefe h_1 beginnt. Eingehend wurden der Abflußbeiwert, der Druckhöhenverlust auf Grund einer großen Zahl von Messungen an 15 verschiedenen Modellen untersucht und formelmäßig erfaßt. Für die Bestimmung des Abflusses verwendete DE MARCHI die theoretische Formel

$$q = \mu\, b_2 \sqrt{2\,g}\, h_1^{3/2}\,.$$

4. Die Arbeit von CITRINI [7]

CITRINI bezeichnet seine Untersuchungen über den „Abflußmesser unter Benutzung des Wassersprunges" als einen „Leitfaden für die Projektierung", der gleichzeitig als ein Versuch anzusehen ist, allgemein gültige Grundlagen für die von DE MARCHI und CONTESSINI studierten Modelle zu schaffen. Nach CITRINI haben die „Wassersprung-Umformer" — er lehnt die Bezeichnung Venturikanal ab — auf Grund der theoretischen und systematischen Untersuchungen von DE MARCHI in den Bewässerungsnetzen der Lombardei bereits zahlreiche Anwendung wegen ihrer Einfachheit, Zweckmäßigkeit und ihres geringeren Preises gegenüber anderen Meßvorrichtungen gefunden. Es wird besonders darauf hingewiesen,

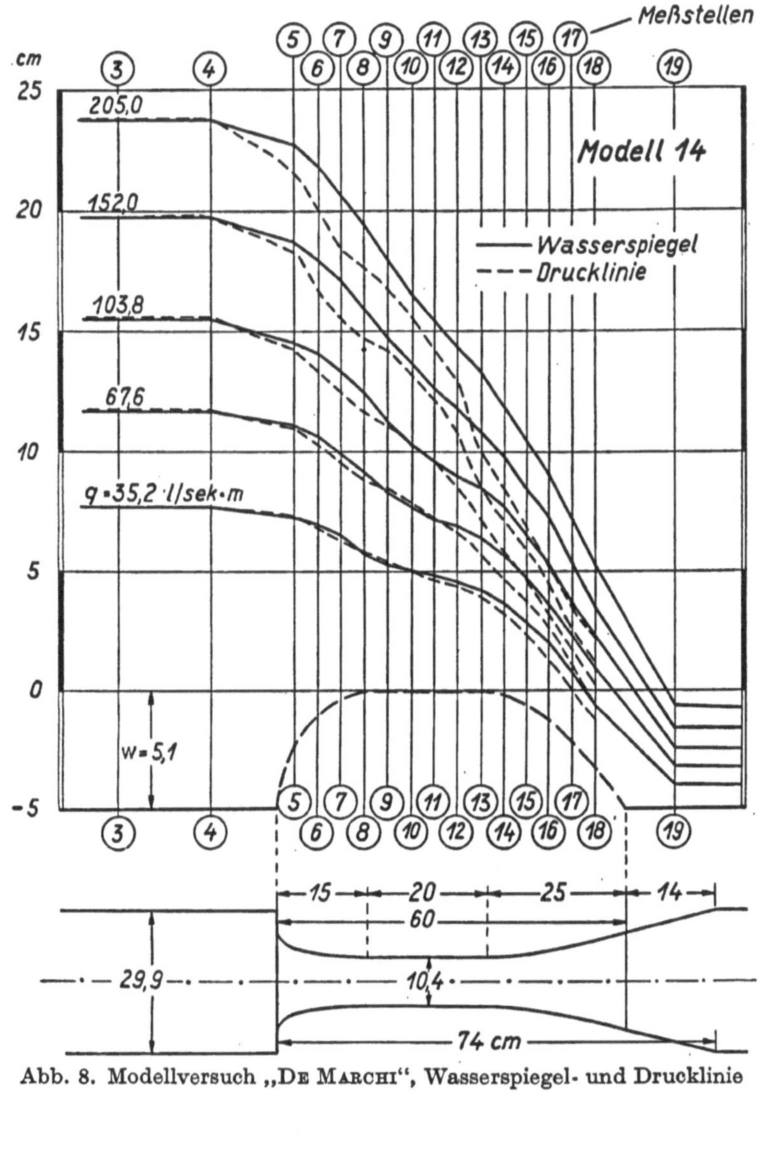

Abb. 8. Modellversuch „De Marchi", Wasserspiegel- und Drucklinie

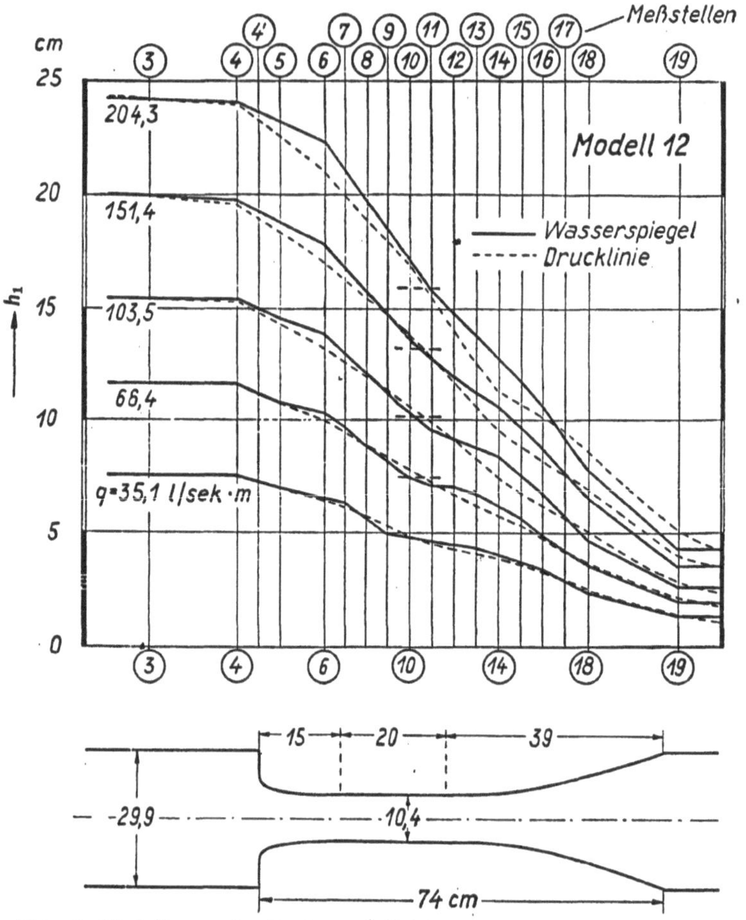

Abb. 9. Modellversuch „De Marchi", Wasserspiegel- und Drucklinie

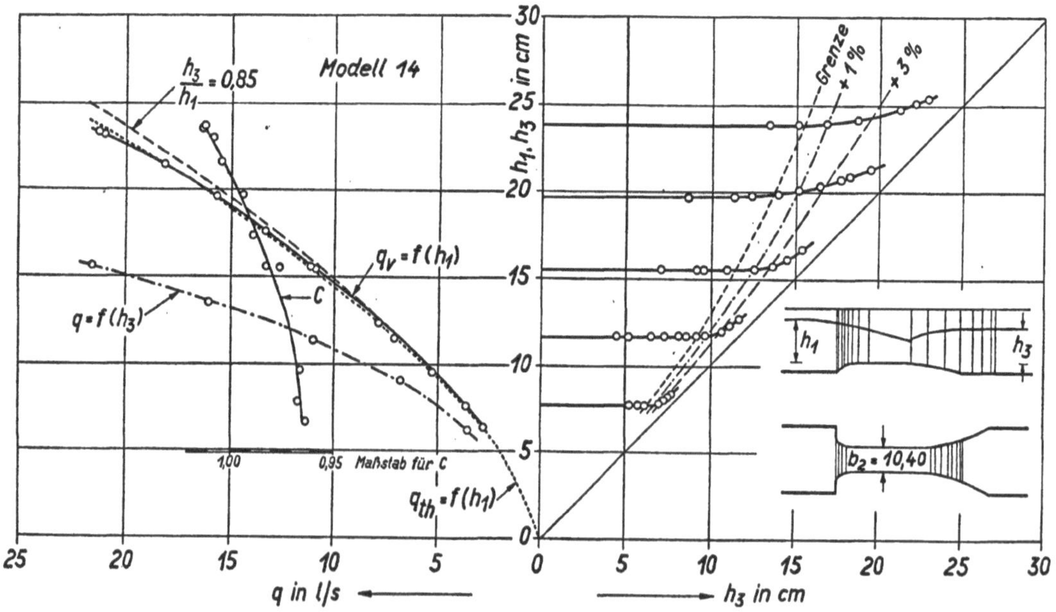

Abb. 10. Modellversuch „De Marchi", Versuchsergebnisse

daß der Abflußmesser gegenüber anderen Systemen den großen Vorteil besitzt, daß bei der Messung nur ein kleiner Höhenverlust eintritt. Die vorhandenen Niveauunterschiede sind in den Bewässerungssystemen im Flachland in der Regel sehr begrenzt und die Gefälle derartig beschränkt, daß eine Einsparung von z. B. 10 cm Fallhöhe durch einen Venturikanal unter Umständen die Möglichkeit schafft, die Kanalstrecke um einige hundert Meter zu verlängern. Für einen guten hydraulischen Durchfluß im Meßgerät müssen folgende Bedingungen erfüllt sein:

a) ein allmählicher Einlauf, welcher keinen Anlaß zu einer Kontraktion und zu örtlichen Druckhöhenverlusten gibt;

b) das Vorhandensein einer hinreichend langen Verengung, damit der kritische Querschnitt mit Sicherheit in diesen Abschnitt fällt. Der Beschleunigungsabschnitt soll auch nicht zu lang ausgeführt werden, weil sonst das Wasser übermäßig beschleunigt wird;

c) ein divergierender Abschnitt, der ebenfalls hinreichend lang ist.

Für Anwendungen in der Bewässerung genügt eine Genauigkeit der Abflußmessung von 3—4%. Für diesen Fall ist es möglich, Meßvorrichtungen ohne vorherige Eichung zu planen und anzuwenden. Nach diesem Gesichtspunkt untersucht Citrini die Messungen für rechteckige Querschnitte und empfiehlt, bei abweichender Bauart des Zulaufkanals für eine Strecke von 15mal dem engsten Querschnitt im Oberwasser stets einen rechteckigen Querschnitt zu wählen. Beim Übergang in den rechteckigen Querschnitt soll keine wesentliche Geschwindigkeitsveränderung erfolgen. Für die Länge l des engsten Querschnitts gibt er das Maß $l = 1{,}2 - 1{,}3\, h_1$ an. Der Pegel zur Bestimmung der Oberwassertiefe h_1 soll in einem Abstand von etwa $4\, b_2$ oberhalb des Einlaufquerschnittes, vom Beginn der Verengung gerechnet, angeschlossen werden. Der Pegel wird zweckmäßig mittels eines Rohres von 3—4 cm ⌀ mit 2 oder 3 Punkten der Sohle verbunden.

Citrini geht ebenso wie De Marchi von der Abflußformel

$$q = \mu\, b_2 \sqrt{2\, g}\, h_1^{3/2}$$

aus und untersucht die Abhängigkeit des Abflußbeiwertes μ von dem Verengungsverhältnis $b = \frac{b_2}{b_1}$, wofür er folgende Zahlenwerte angibt:

b	0,1	0,2	0,3	0,4	0,5	0,6	0,7	0,8	0,9
μ	0,386	0,386	0,393	0,4	0,41	0,422	0,440	0,468	0,514

Für die Venturikanäle mit Schwelle kann nicht für jedes Gerät der passende Beiwert theoretisch angegeben werden. Daher empfiehlt er, den von Gherardelli angegebenen Beiwert zu verwenden, der nach seinen Angaben vom theoretischen um weniger als 1% abweicht

$$\alpha = 0{,}385 + 0{,}108\, b^2 \left(\frac{h_1}{h_1 + w}\right)^2, \quad w = \text{Höhe der Wehrschwelle.}$$

Zu der theoretisch ermittelten Grenze der Wiederaufstauhöhe, bis zu der der Abfluß noch vollkommen ist, bemerkt Citrini, daß der Experimentalforschung diese Bestimmung obliegt, da keine Übereinstimmung zu erzielen ist. Ohne Eichung ist in dieser Hinsicht mit einem Sicherheitszuschlag zu rechnen. Für die Energiehöhe H_3 unterhalb des Wassersprunges wird folgende Gleichung für den Grenzfall angegeben:

$H_3 = h_2 \left(1{,}5 - D \frac{h_2}{b_2}\right)$, wobei D eine Zahlenkonstante ist. Bei einem Kanal ohne Schwelle beträgt $D = 0{,}25$, bei einem Kanal mit Schwelle $D = 0{,}35$. Die Grenztiefe ist gleich

$$h_2 = \sqrt[3]{\frac{q^2}{b_2^2\, g}}\,.$$

Auf die von CITRINI eingehend durchgeführte Projektierung und Berechnung wird nicht weiter eingegangen, da sie sich auf die von DE MARCHI untersuchten Typen erstreckt und ähnliche Betrachtungen anschließend an die Behandlung der Versuche der Forschungsanstalt für Schiffahrt durchgeführt werden.

Es werden von CITRINI die folgenden Muster in Vorschlag gebracht, die im Laboratorium untersucht wurden und für die somit zuverlässige Eichergebnisse zur Verfügung stehen:

Abb. 11. Venturikanal mit horizontaler, ebener Sohle und einem Verengungsverhältnis $b = \frac{b_2}{b_1} = \frac{2}{3}$,

Abb. 12. Venturikanal mit horizontaler, ebener Sohle und einem Verengungsverhältnis $b = \frac{1}{3}$,

Abb. 13. Venturikanal mit Schwelle von der Höhe $w = \frac{b_1}{6}$ und $b = \frac{2}{3}$,

Abb. 14. Venturikanal mit Schwelle von der Höhe $w = \frac{b_1}{6}$ und $b = \frac{1}{3}$,

Abb. 15. Venturikanal mit Schwelle von der Höhe $w = \frac{b_1}{6}$ ohne seitliche Einschnürung.

Besonders wird noch darauf hingewiesen, was für alle Bauformen zutrifft, daß die Breite b_2 des engsten Querschnittes die Genauigkeit der Abflußmessung wesentlich beeinflußt, so daß bei der Herstellung der Venturikanäle auf die Innehaltung dieses Maßes besonderer Wert zu legen ist.

5. Die Versuche von KHAFAGI [18]

KHAFAGI führte in der Eidgenössischen Wasserbaulichen Versuchsanstalt in Zürich zahlreiche Messungen an einem Venturi ohne Schwelle durch, mit dem Ziel, eine beiwertlose Abflußformel festzulegen. Die von ihm aufgestellte Gleichung lautet:

$$q_v = 2{,}295\; b_2 \sqrt{t\, h_1}\, l_k\,.$$

Hierin sind $t = \frac{H_1}{h_1}$ und l_k die Länge der sogenannten „kritischen Fläche f_k“, auf die KHAFAGI in seiner Dissertation ausführlich eingeht. Es ist

$$l_k = \frac{1}{4\,a}\left[2\,a\,h_k \sqrt{1 + 4\,a^2\,h_k^2} + \ln\,(2\,a\,h_k + 1)\right],$$

wobei folgende Größen zur Abkürzung eingeführt wurden.

$$a = \frac{\sqrt{L^2 + (2{,}93\,t - 2{,}14\,t^2)\,h_1^2} - L}{1{,}07\,t^2\,h_1^2}\,,$$

$$t = \frac{3}{8}\sin\alpha, \quad s = \frac{b_2}{b_1}\,,$$

$$\sin 3\,\alpha = 1{,}5 \sqrt{\frac{3}{c}}\,, \quad c = \frac{27}{4\,s^2}\,,$$

$$h_k = 0{,}73\,H, \quad H = h_1 + \frac{v_1^2}{2\,g}\,,$$

L = Länge vom Beginn der Einschnürung bis zur Mitte des engsten Querschnittes.

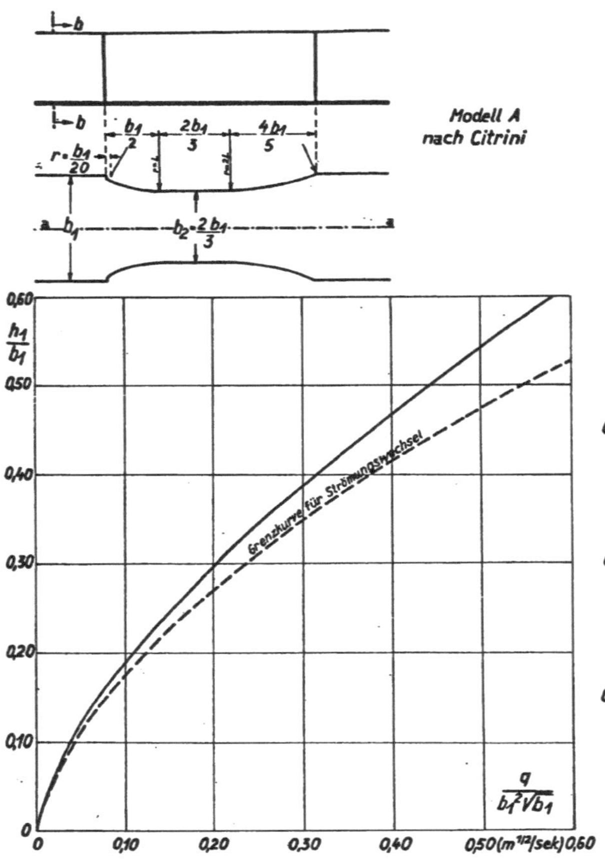

Abb. 11. Modell A nach CITRINI

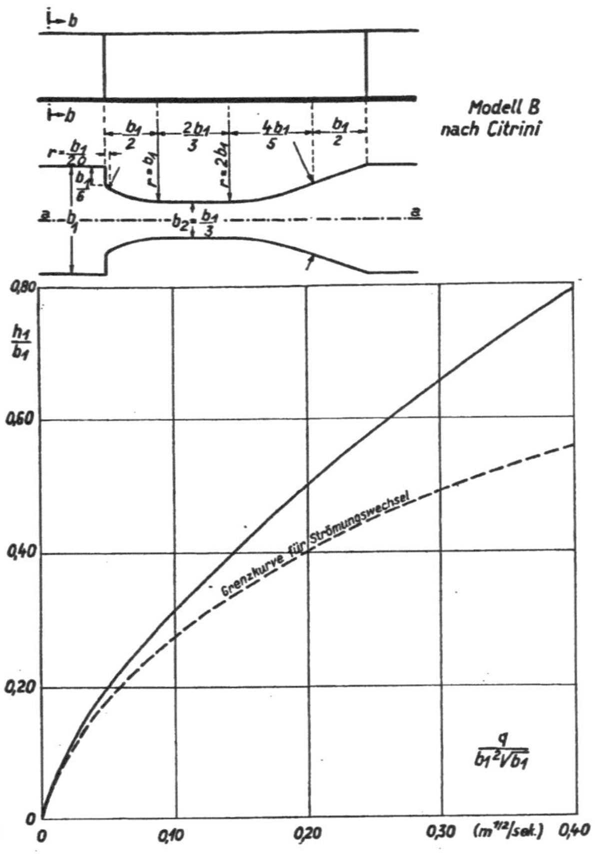

Abb. 12. Modell B nach CITRINI

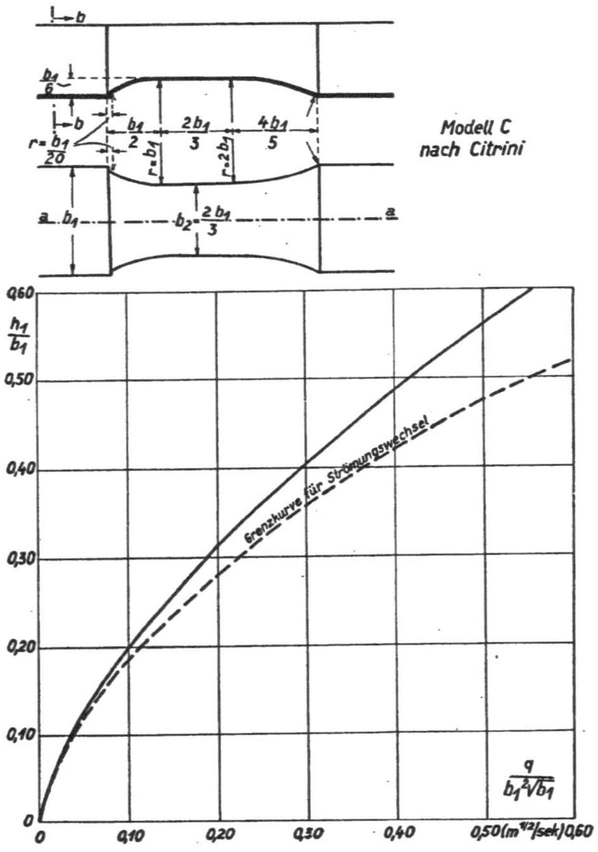

Abb. 13. Modell C nach CITRINI

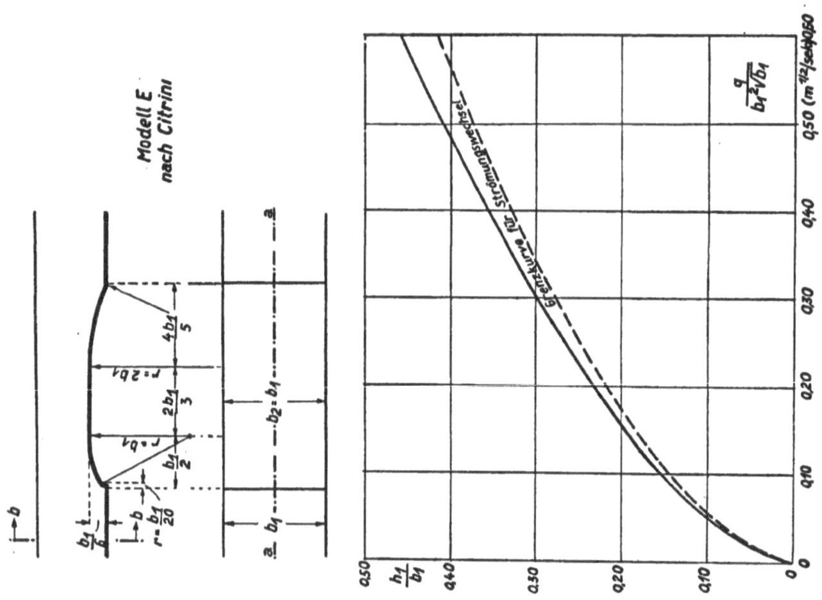

Abb. 15. Modell E nach CITRINI

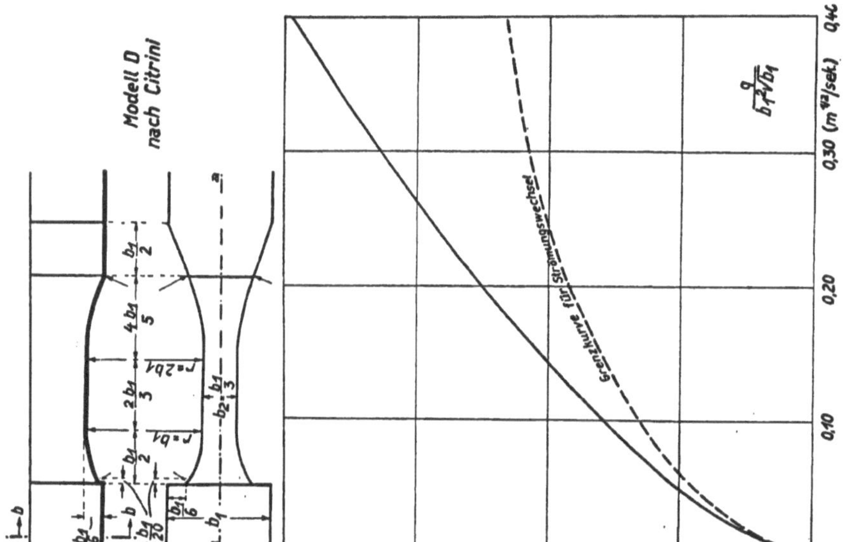

Abb. 14. Modell D nach CITRINI

Wie Untersuchungen der Forschungsanstalt gezeigt haben, liefert die Gleichung für die Venturikanäle ohne und mit niedriger, flacher Schwelle brauchbare Ergebnisse, während sie bei stark gekrümmten Schwellen sowie bei großen Überströmungshöhen versagt und von den Versuchswerten sehr stark abweicht. Die Formel von KHAFAGI ist ziemlich kompliziert. Die Berechnung der Venturikanäle mittels der allgemein bekannten Gleichung

$$q_v = \alpha \frac{2}{3\sqrt{3}} b_2 \sqrt{2g}\, H^{3/2}$$

ist daher einfacher.

6. Die Versuche von BALLOFFET [1]

BALLOFFET bezeichnete die Venturikanäle als „kritische Strömungsmesser". Seine Versuche hatten zum Ziel, einfache Meßgeräte zu entwickeln und diese Geräte zu normen. Nach eingehenden theoretischen Untersuchungen über den Abflußbeiwert und den Gefälleverlust, die auf Arbeiten von BAKHMETEFF Bezug nehmen, werden die in der Universität Buenos Aires durchgeführten Modellversuche mit einfachen Bauformen in einem rechteckigen Kanal eingehend behandelt. Die Ergebnisse und Modellformen sind in der folgenden Tab. 2 zusammengestellt. Es handelt sich um die Modelle 1A, 1B, 2A, 3A.

Tabelle 2 nach BALLOFFET

Modell-Nr.	1A	1B	2A	3A
Bauform Maße in cm	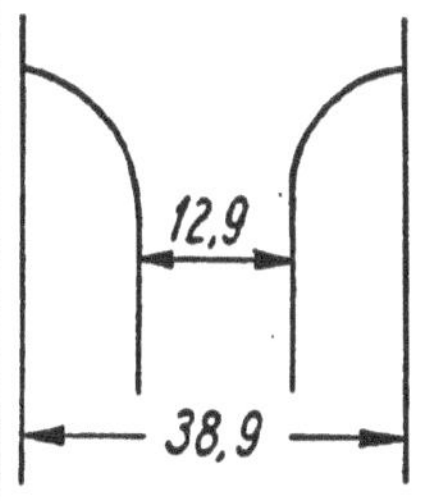	die gleiche Form wie 1A	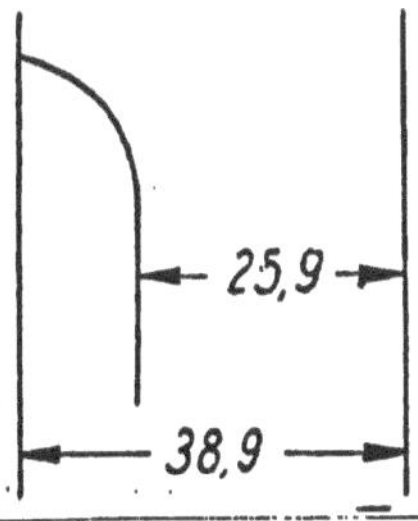	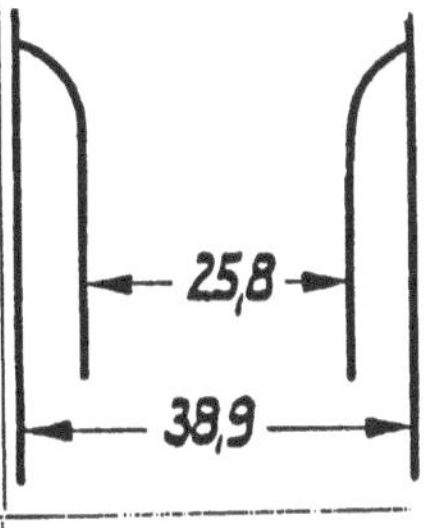
Einschnürungsverhältnis $b = \frac{b_2}{b_1}$	0,332	0,334	0,666	0,663
μ-Beiwert der Formel $q = \mu\, b_2 \sqrt{2g}\, h_1^{3/2}$	0,397	0,39	0,435	0,432
Abflußgleichung q_v in l/s	$q_v = \alpha\, 7{,}18\, h_1^{3/2}$	$q_v = \alpha\, 7{,}198\, h_1^{3/2}$	$q_v = \alpha\, 15{,}76\, h_1^{3/2}$	$q_v = \alpha\, 15{,}61\, h_1^{3/2}$
Beiwert α	0,95	0,95	0,96	0,96
Material	Beton	Beton geglättet	Beton	Beton
Anzahl der Versuche	64	42	19	37
Grenztiefenverhältnis $\frac{h_3}{h_1}$	0,80	0,83	0,9	0,85

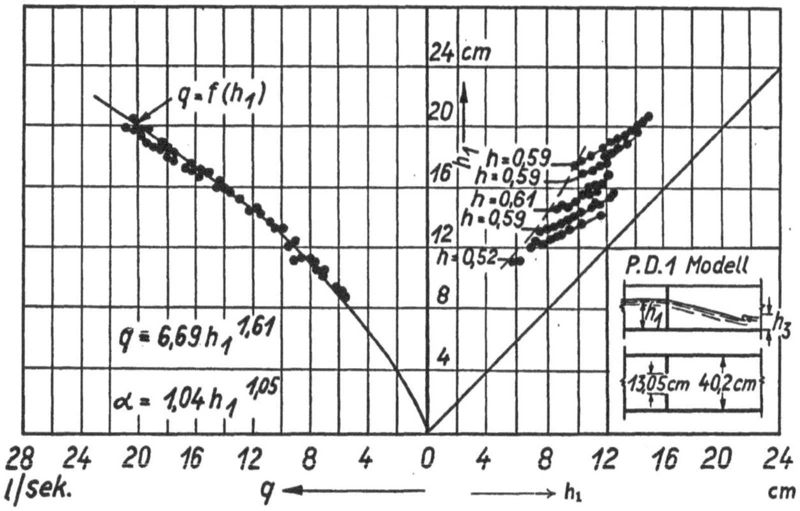

Abb. 16. Versuchsergebnisse für Modell P.D. 1

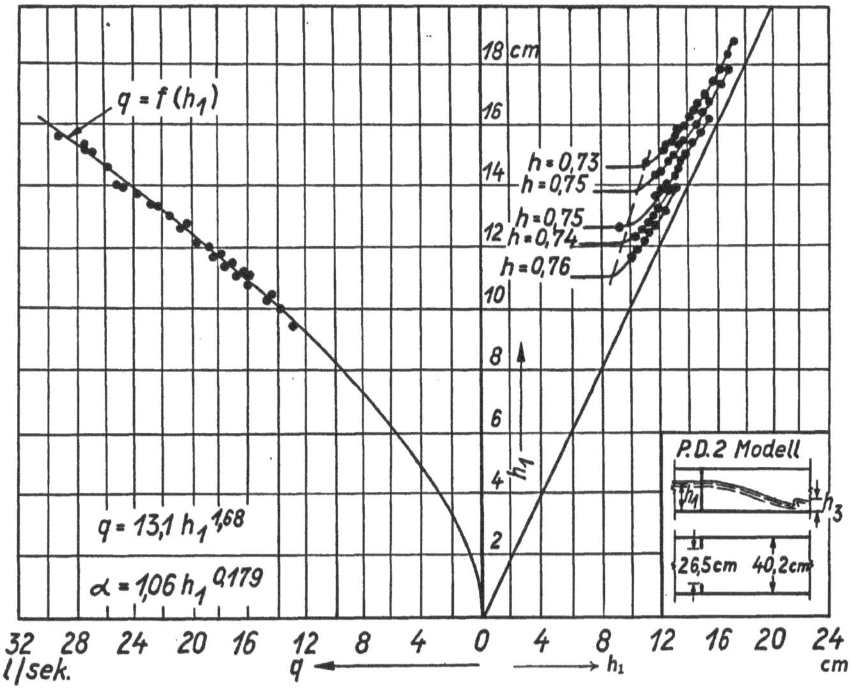

Abb. 17. Versuchsergebnisse für Modell P.D. 2

Ferner untersuchte Balloffet ganz einfache blendenartige Einschürungen. Die durch die Versuche gefundenen Ergebnisse für die Modelle P.D. 1 und P.D. 2 sind in den Abb. 16 und 17 graphisch dargestellt. Es ist hieraus zu ersehen, daß derartige einfache Ausflußöffnungen auch möglich sind, jedoch wird das Grenztiefenverhältnis sehr ungünstig. Ähnliche Untersuchungen der Forschungsanstalt für Schiffahrt sind im Teil E 2 enthalten.

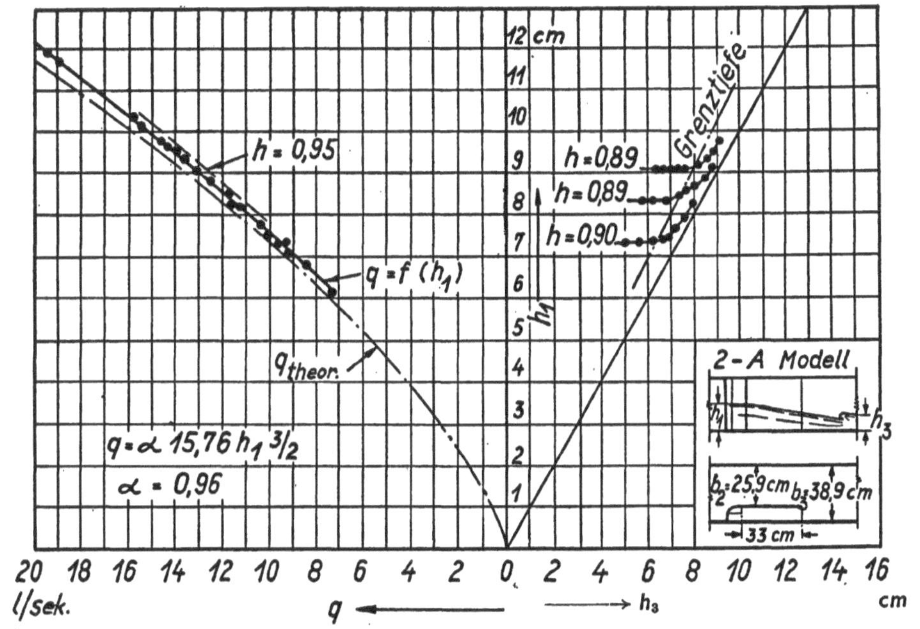

Abb. 18. Versuchsergebnisse für Modell 2-A

Die in Abb. 18 dargestellten Kennlinien für das Modell 2A zeigen dagegen bedeutend bessere Ergebnisse für das Grenztiefenverhältnis. Bei einfachen Bauformen ist es also sehr schwierig, bei kleinen Abflüssen einen freien Abfluß zu erzielen. Balloffet legte nach Bakhmeteff seinen Untersuchungen die theoretische Abflußformel

$$q = \mu' \, b_2 \sqrt{2\,g}\, h_1^{3/2}$$

zugrunde, wobei

$$\mu = 2 \sqrt{\frac{1}{b^3} \cos^3 \left(\frac{\pi}{3} + \frac{1}{3} \cos^{-1} b \right)}$$

gesetzt wurde. Wegen der Verluste in der Zuströmung wird der Beiwert α' eingeführt, so daß die verwendete Abflußformel wie folgt lautet:

$$q_v = \alpha' \, \mu \, b_2 \sqrt{2\,g}\, h_1^{3/2}.$$

Die hier besprochenen Modelle sind ein einfaches und billiges Mittel, um den Abfluß eines Kanals zu messen, wenn auf das Grenztiefenverhältnis $\frac{h_3}{h_1}$ kein großer Wert gelegt wird. Die Versuche der Forschungsanstalt für Schiffahrt, Wasser- und Grundbau hatten jedoch zum Ziel, besonders günstige Verhältnisse in dieser Beziehung zu erzielen.

D. Modellversuche in der Versuchsanstalt Potsdam

1. Aufbau des Modells P I mit rechteckigem Profil und Methode der Versuchsdurchführung

Abb. 19 zeigt den in der Versuchsanstalt Potsdam eingehend untersuchten Venturikanal P I. Ein gemauerter und mit Zementputz versehener rechteckiger offener Kanal von 2,4 m lichter Weite wurde mit einer seitlichen Einschnürung sowie einer schwach gekrümmten Bodenschwelle versehen. Die Einschnürung an der engsten Stelle betrug zunächst $b_2 = 1{,}2$ m. Die diffusorartige Erweiterung hinter der engsten Stelle erfolgte beidseitig unter einem gleichbleibenden Winkel von 5° gegen die Achse, um am Ende unter stärkerer Erweiterung in den Abflußkanal zu münden, der ebenfalls wie der Zuflußkanal 2,40 m breit war. Da die Meßgenauigkeit von der genauen Einhaltung der Abmessungen an der engsten Stelle abhängt, wurde die Fertigung der Einschnürung besonders sorgfältig vorgenommen. Der Zementputz an den Innenwänden wurde geglättet. Die Gesamtlänge des Venturikanals betrug 7,80 m, die lichte Breite im Zu- und Abfluß 2,40 m und an der engsten Stelle 1,20 m. Dieser Venturikanal wurde dreimal verkürzt, denn neben dem ungekürzten Venturikanal sollten auch die Eigenschaften verkürzter Kanäle in bezug auf Genauigkeit der Wassermengenmessung und auf Gefälleverlust untersucht werden. Diese Untersuchungen wurden während der Durchführung des Versuchsprogramms erweitert, in dem noch der Einfluß des Breitenverhältnisses b (Breite im engsten Querschnitt zur Breite im Zuflußquerschnitt) und der Einfluß der Schwellenform auf die Genauigkeit der Wassermengenmessung und auf die Gefälleverluste festgestellt wurden. Zunächst war b durchgehend 1 : 2 und die Bodenschwelle hatte eine flache Form (s. Abb. 19).

Das erforderliche Wasser wurde von einer Pumpe (Schraubenschaufler) aus einem Vorratsbecken in einen Hochbehälter mit einem stets etwas überströmten Überlauf gefördert, von dem es unter gleichbleibendem Druck durch zwei Rohrleitungen von je 400 mm Durchmesser, die mit je einem Absperrschieber versehen waren, in den Venturikanal floß. Das Wasser wurde dem Venturikanal von unten her unter allmählicher Erweiterung des Zulaufquerschnittes unter Zwischenschaltung einer Leitvorrichtung und von Beruhigungsrechen zugeführt, so daß es weitgehend beruhigt und gleichmäßig verteilt in den Venturikanal gelangte. Im Abflußkanal befand sich eine Stauvorrichtung, mit der verschiedene Unterwasserstände eingestellt werden konnten, so daß auch die Untersuchung einer unvollkommenen Durchströmung des Venturikanals möglich war. Bei einer vollkommenen Durchströmung des Kanals geht das Wasser im Bereich der engsten Stelle oder kurz dahinter in die schießende Strömungsform über. In diesem Fall tritt bei verschiedenen Unterwasserständen keine Beeinflussung des Oberwasserstandes ein, während bei unvollkommener Durchströmung nur fließende Strömung hinter der engsten Stelle des Kanals vorhanden ist. In diesem Falle pflanzt sich jede Änderung des Unterwasserstandes bis in das Oberwasser hinein fort. Bei der schießenden Strömung ist die mittlere Wassergeschwindigkeit der Strömung größer als die Wellenschnelligkeit, die sich aus der Formel $v = \sqrt{g\,t}$ für breite Kanäle bzw. $v = \sqrt{g\,r}$ für enge Bauformen errechnet.

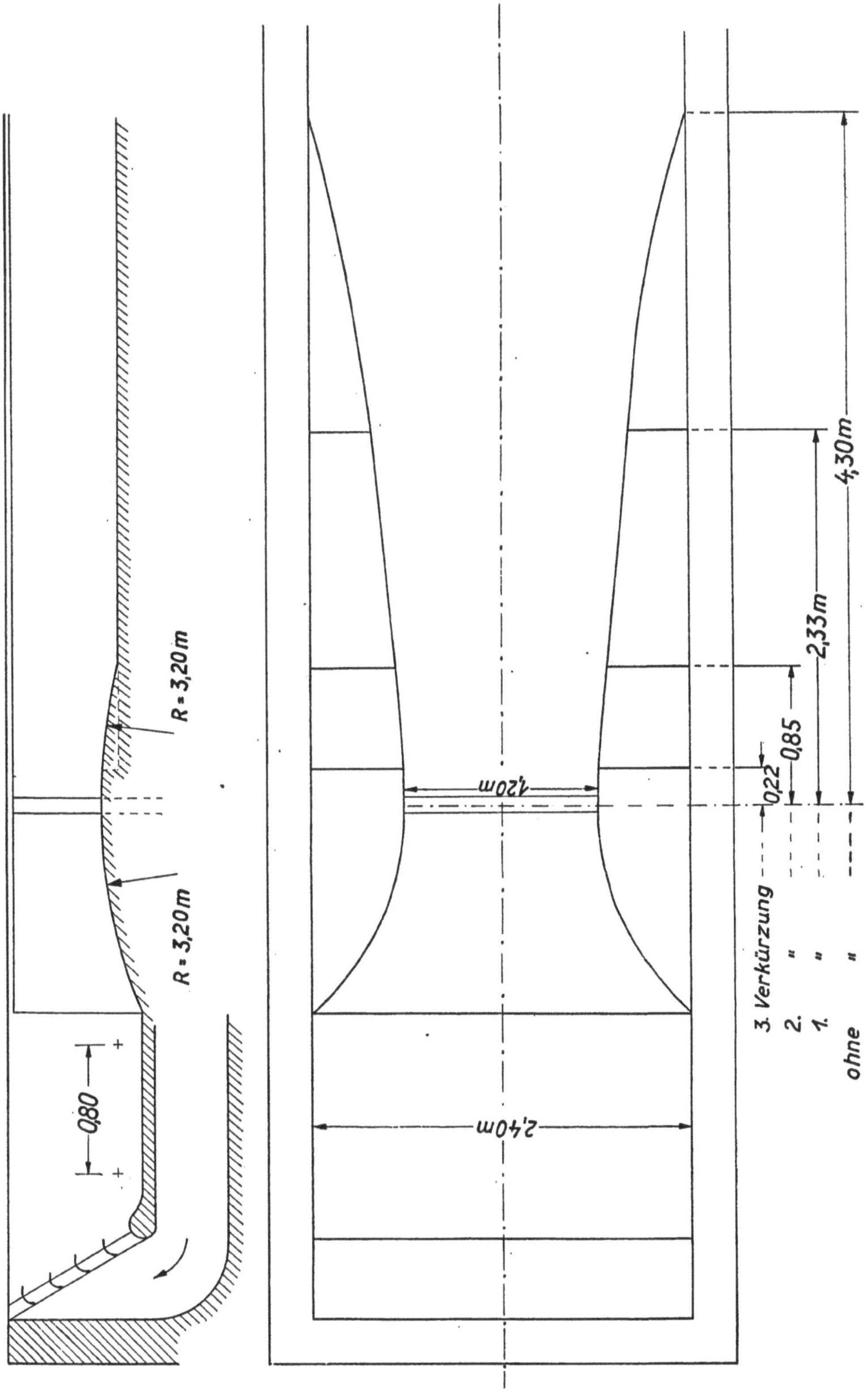

Abb. 19. Venturikanal P I im Grund- und Aufriß mit Verkürzungen des Diffusors

Bei der fließenden Strömungsform dagegen ist die mittlere Geschwindigkeit des Wassers kleiner als diese Wellenschnelligkeit. In der Formel stellen t die Tiefe und r den hydraulischen Radius an der engsten Stelle des Venturikanals dar. r ist gleich dem Quotienten $\frac{f}{u}$, wobei f den durchströmten Querschnitt und u den benetzten Umfang dieser Fläche darstellt.

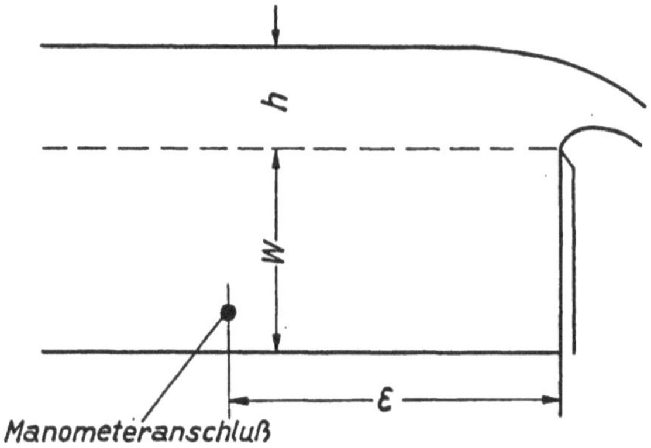

Abb. 20. Skizze für die Abflußmessung

Gemäß der Aufgabenstellung soll als erster Punkt die Genauigkeit der Wassermengenmessung durch den Venturikanal überprüft werden. Hinter der Stauvorrichtung im Unterwasser befindet sich daher in genügend großem Abstand ein senkrecht stehender Eichüberfall mit waagerechter Überfallkante, mit dem es möglich ist, den Abfluß genau zu bestimmen. Die Beziehung der Überfallhöhe zum Abfluß kann nach der Formel von Rehbock

$$q_v = \left(1{,}782 + 0{,}24\frac{h_e}{w}\right) b\, h_e^{3/2}$$

mit großer Genauigkeit berechnet werden.

Hierin sind:

w = Wehrhöhe,
h = die Überfallhöhe
$h_e = h + 0{,}0011$,
b = die Wehrbreite,
} alle Größen in m.

Die Funktion $q_v = f(h^{3/2})$ ist in Abb. 21 graphisch dargestellt. Die von Rehbock aufgestellte Abflußgleichung hat bisher einwandfreie Resultate ergeben, wie zahlreiche Kontrollmessungen seitens der Forschungsanstalt gezeigt haben.

Die Überfallhöhe h wurde bei allen Messungen durch einen selbstschreibenden Pegel registriert. Vor Beginn der Messungen wurde die Nullinie des Pegels in Beziehung zur Überfallkante gebracht. Ein beliebiger ruhender Wasserspiegel vor dem Eichblech (s.

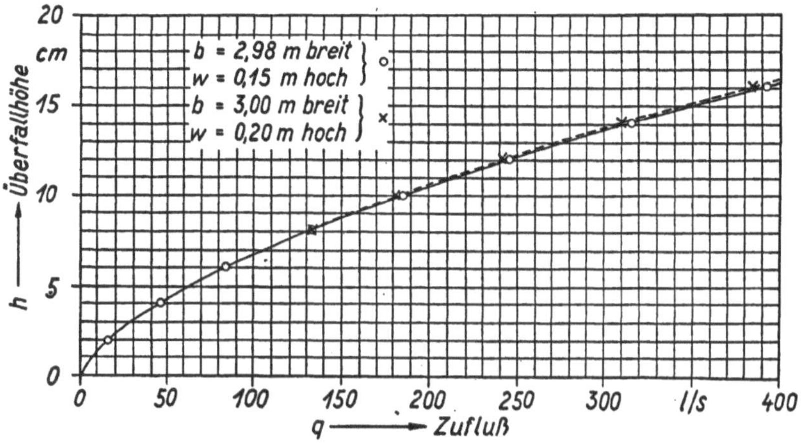

Abb. 21. Eichkurve für Eichblech unterhalb des Venturikanals P I

Abb. 22) wurde auf dem Pegel festgehalten und gleichzeitig mittels Meßnadel und Meßbrücke die Differenz Δh zwischen der Überfallkante des Eichbleches und dem ruhenden Wasserspiegel bestimmt.

Nach Beendigung jeder Meßreihe ist es somit unter Berücksichtigung von Δh möglich, die genaue Größe der Überströmungshöhen aus den Pegelaufzeichnungen zu bestimmen.

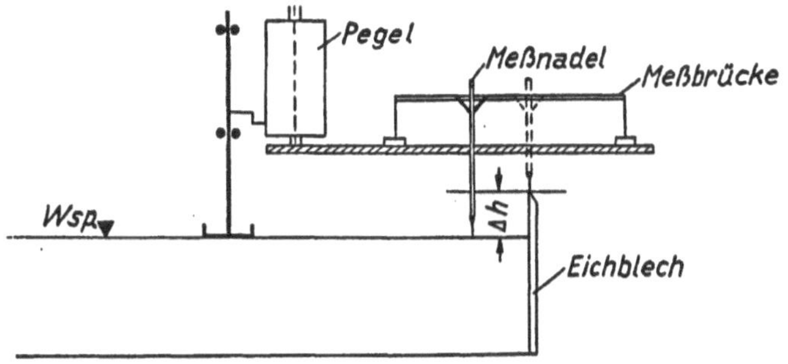

Abb. 22. Messung der Überströmungshöhe am Eichblech

Wie bereits im Abschnitt C eingehend entwickelt, kann der Abfluß durch die Gleichung

$$q_v = \alpha \frac{2}{3\sqrt{3}} b_2 \sqrt{2g}\, H^{3/2}$$

bestimmt werden, wobei

$$H = h_1 + \frac{v_1^2}{2g}$$

gesetzt ist. Zur Bestimmung der manometrischen Höhe h_1 konnten an den in der Abb. 23 angekreuzten Stellen Manometer angeschlossen werden.

Wird nun im Versuch der Abfluß q mittels des vorbeschriebenen, scharfkantigen Meßüberfalls ermittelt und die manometrische Höhe H im Venturikanal bestimmt, so läßt sich die Größe α errechnen, denn es gilt

$$q_v = \alpha \frac{2}{3\sqrt{3}} b_2 H \sqrt{2gH} \qquad \text{und} \qquad \alpha = \frac{3\sqrt{3}\, q_v}{2\, b_2 \sqrt{2g}\, H \sqrt{H}}.$$

Zeigen z. B. die Versuche, daß α, von geringen Schwankungen abgesehen, die im Rahmen der geforderten Meßgenauigkeit liegen, für alle Versuche konstant bleibt, so läßt sich allgemein mit genügender Genauigkeit der Abfluß mittels eines Venturikanals bestimmen.

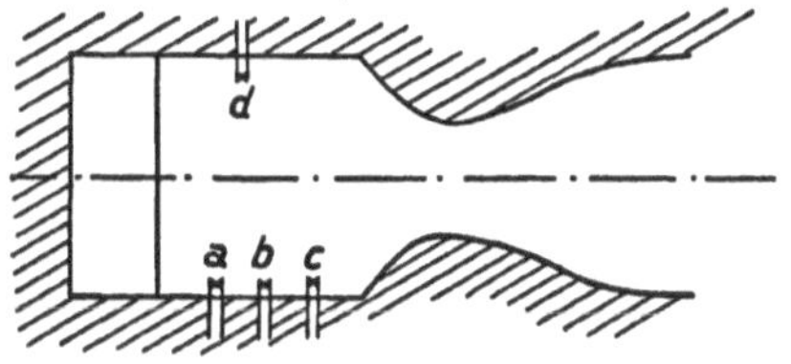

Abb. 23.
Anordnung der Manometeranschlüsse

Der zweite Punkt des Versuchsprogramms war die Untersuchung des Gefälleverlustes vom Oberwasser zum Unterwasser bei Venturikanälen langer und verkürzter Ausführung, sowohl bei vollkommener als auch bei unvolllkommener Durchströmung, bzw. beim Übergang von der einen zur anderen Strömungsform. Zu diesem Zweck wurden in Strömungsrichtung in der Achse des Venturikanals zwei Meßbrücken von je 6 m Länge genau horizontal aufgebaut (s. Abb. 24 bis 48). Mit Hilfe einer Meßnadel wurde die Wasseroberfläche vom Oberwasser bis zum Unterwasser in Kanalmitte abgetastet und jeder Meßwert zu einer Bezugsgröße, z. B. zu der Nadelmessung über Oberkante Schwelle im engsten Kanalquerschnitt in Beziehung gesetzt. In Abb. 49 sind mehrere derartige Messungen graphisch aufgetragen. Die Messungen erstrecken sich auf die vollkommene Durchströmung, dann auf

Abb. 24. Vollkommene Durchströmung, Differenz OW—UW-Spiegel sehr groß. Sehr starke Walzenbildung Diffusorlänge 4,3 m, $b_2 = 1,2$ m

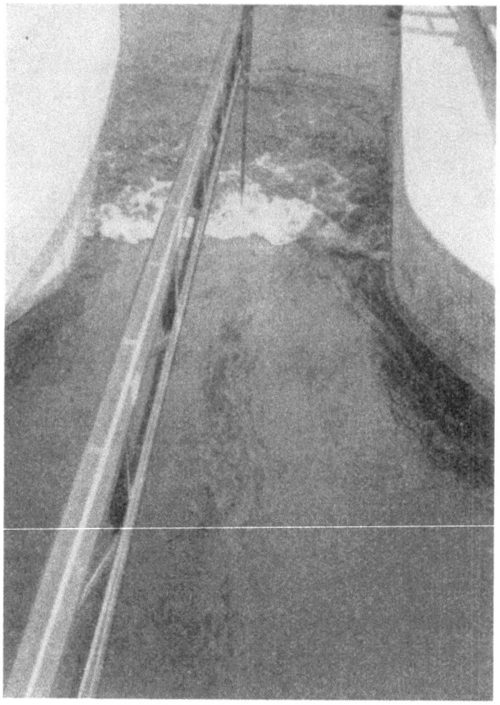

Abb. 25. Vollkommene Durchströmung, Differenz OW—UW-Spiegel kleiner als bei Abb. 24. Noch starke Walzenbildung Diffusorlänge 4,3 m

Abb. 26. Vollkommene Durchströmung. Differenz OW—UW-Spiegel kleiner als bei Abb. 25. Schwache Walzenbildung Diffusorlänge 4,3 m

Abb. 27. Umschlag von der vollkommenen zur unvollkommenen Durchströmung. Differenz OW—UW-Spiegel kleiner als bei Abb. 26. Stehende Welle, Diffusorlänge 4,3 m

Abb. 28. Unvollkommene Durchströmung. Differenz OW—UW-Spiegel kleiner als bei Abb. 27. Stehende Welle Diffusorlänge 4,3 m

Abb. 29. Unvollkommene Durchströmung. Differenz OW—UW-Spiegel klein. Sehr schwache stehende Welle Diffusorlänge 4,3 m

Abb. 30. Vollkommene Durchströmung. Starke Walzenbildung Diffusorlänge 2,33 m, $b_2 = 1,2$ m

Abb. 31. Vollkommene Durchströmung. Walzenbildung schwächer als bei Abb. 30. Diffusorlänge 2,33 m

Abb. 32. Umschlag von der vollkommenen zur unvollkommenen Durchströmung. Starke stehende Wellen. Diffusorlänge 2,33 m

Abb. 33. Unvollkommene Durchströmung. Schwache stehende Wellen Diffusorlänge 2,33 m

Abb. 34. Vollkommene Durchströmung. Starke Walzenbildung Diffusorlänge 0,85 m, $b_2 = 1{,}2$ m

Abb. 35. Unvollkommene Durchströmung. Stehende Wellen Diffusorlänge 0,85 m

Abb. 36.
Vollkommene Durchströmung wie bei Abb. 34.
Starke Walzenbildung. Diffusorlänge 0,85 m

Abb. 37.
Unvollkommene Durchströmung wie bei Abb. 35.
Stehende Wellen. Diffusorlänge 0,85 m

Abb. 38. Vollkommene Durchströmung.
Starke Walzenbildung außerhalb der Düse
Diffusorlänge 0,22 m
$b_2 = 1,2$ m

Abb. 39. Umschlag von der vollkommenen zur unvollkommenen Durchströmung.
Schwache Walzenbildung bzw. z. T. Wellen außerhalb der Düse Diffusorlänge 0,22 m

Abb. 40. Unvollkommene Durchströmung.
Schwache stehende Wellen
Diffusorlänge 0,22 m

Abb. 41. Durchströmung wie bei Abb. 38
Diffusorlänge 0,22 m

Abb. 42. Durchströmung wie bei Abb. 39
Diffusorlänge 0,22 m

Abb. 43. Durchströmung wie bei Abb. 40
Diffusorlänge 0,22 m

Abb. 44.
Vollkommene Durchströmung. Walzenbildung
$b_2 = 2$ m

Abb. 45.
Vollkommene Durchströmung wie bei Abb. 44
$b_2 = 2$ m

Abb. 46.
Vollkommene Durchströmung. Walzenbildung
$b_2 = 1{,}8$ m

Abb. 47.
Vollkommene Durchströmung wie bei Abb. 46
$b_2 = 1{,}8$ m

Abb. 48. Vollkommene Durchströmung.
Walzenbildung
$b_2 = 1$ m

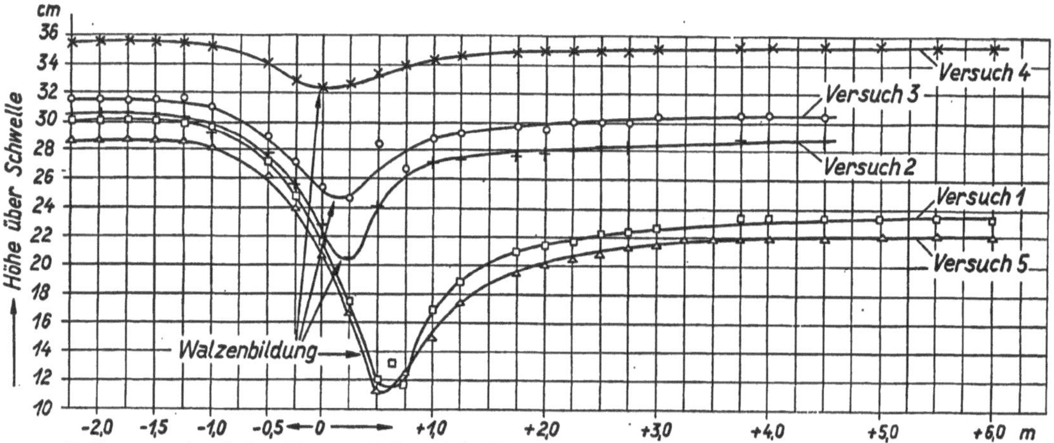

Abb. 49. Verlauf der Wasserspiegellinien in der Mitte des Venturikanals P I, $b_2 = 1{,}20$ m

den Grenzfall, Übergang von der vollkommenen zur unvollkommenen Durchströmung und anschließend auf die unvollkommene Durchströmung. Die hierbei im Unterwasser auftretenden verschieden starken Wassersprünge mit entsprechend starker oder schwächerer Wellenbildung an der Oberfläche bei vollkommener Durchströmung, das Umschlagen zu stehenden Wellen bei unvollkommener Durchströmung sind in allen Phasen durch photographische Aufnahmen festgehalten und in den Abb. 24 bis 48 zusammengestellt.

2. Durchführung der Versuche und Bestimmung der Versuchsgrößen

Zunächst wurde vor dem Meßüberfall mittels eines ruhenden Wasserspiegels die Nullinie an dem selbstschreibenden Pegel registriert (s. Abb. 22). Die beiden Meßbrücken über dem Venturikanal waren bereits vorher mittels eines ruhenden Wasserspiegels ausgerichtet worden, so daß die Gleitfläche für die Meßnadeln in genau horizontaler Lage lag. Nunmehr wurde eine konstante sekundliche Wassermenge dem Venturikanal langer Ausführung zugeführt und die Überströmungshöhe am Meßüberfall mittels des Pegels gemessen. Die Stauvorrichtung wurde nicht in Tätigkeit gesetzt, so daß der Unterwasserspiegel des Venturikanals bedeutend niedriger als der Oberwasserspiegel lag. Hierbei wurde mittels der Nadel und der Meßbrücke der gesamte Verlauf des Wasserspiegels vom Oberwasser über den Wassersprung hinweg bis zum beruhigten Unterwasser abgetastet und außerdem die Lage der Oberkante der Schwelle mittels der Nadel gemessen, so daß nunmehr die Höhe des Wasserspiegels über der Schwelle für alle Punkte festlag. Außerdem wurde das Wasserstandsmanometer am Venturikanal direkt abgelesen. Da der Nullpunkt des Manometers mit der Schwellenhöhe übereinstimmt, gibt die Manometerablesung die Höhe des Oberwasserspiegels über der Schwellenhöhe an der Anschlußstelle des Manometers an. Durch die Stauvorrichtung konnte der Unterwasserspiegel so weit gehoben werden, bis eine Veränderung am Manometer des Venturikanals bzw. an der Nadel im Oberwasser des Venturikanals von höchstens 1 mm festzustellen war. Hierbei zeigte sich bei den meisten Versuchen noch ein kleiner Wassersprung (s. Abb. 24—48) im Übergang zum Unterwasser. Erst bei weiterem Stau bildeten sich starke stehende Wellen, die dann mit zunehmendem Stau kleiner wurden. Mit jedem konstanten Zufluß wurden 5 Versuche durchgeführt, die sich wie folgt verteilen:

a) vollkommener Venturikanal,

b) Grenzübergang vom vollkommenen zum unvollkommenen Zustand,

c) unvollkommener Venturikanal.

In jeder Versuchsserie wurden 4 bis 5 verschiedene konstante Wassermengen untersucht. Die Zuflüsse betrugen hierbei etwa 150, 200, 250, 300 und 350 l/s. Dann wurde der Venturikanal (s. Abb. 19) nacheinander 3mal von 4,28 m auf 2,33 m, 0,85 m und 0,22 m verkürzt. Bei jeder Verkürzung erfolgten die gleichen vorher angegebenen Untersuchungen. Dieser kurze Hinweis zeigt bereits, daß eine große Zahl von Untersuchungen durchzuführen war.

Die Versuche wurden ausgewertet und die Ergebnisse tabellarisch zusammengestellt. Die Tabellen wurden der Veröffentlichung nicht beigefügt, werden Interessenten jedoch seitens der Forschungsanstalt auf Anfrage zur Verfügung gestellt. Der Abflußbeiwert wurde mittels der Venturigleichung

$$q_v = \alpha \frac{2}{3\sqrt{3}} b_2 \sqrt{2\,g}\, H^{3/2}$$

für den vollkommenen und unvollkommenen, sowie für den Übergang vom vollkommenen zum unvollkommenen Strömungszustand bestimmt.

Ferner wurden folgende Größen errechnet:

Der Druckhöhenverlust $\frac{\Delta h}{h_1}$ (s. Abb. 50),

der Durchflußbeiwert m für den unvollkommenen Strömungszustand mittels der Gleichung

$$m = \frac{q_v}{b_2 h_3 \sqrt{2g\,\Delta h}}.$$

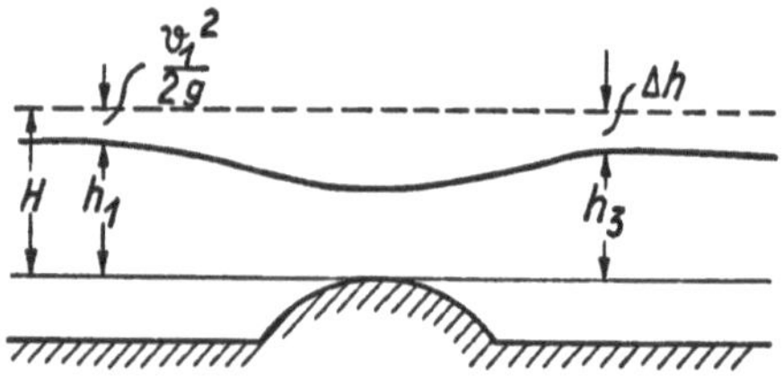

Abb. 50. Lage der Meßwerte

Auf Grund der Versuchsergebnisse wurden folgende funktionelle Zusammenhänge festgestellt:

$\frac{q_v}{b_2} = f(H)$ nach Versuch und $\frac{q}{b_2} = f(H)$ nach Rechnung (s. Abb. 51),

$\alpha = f(H)$ nach Versuch und Rechnung (s. Abb. 52),

$\left(\frac{\Delta h}{h_1\, gr}\right) = f(l_D)$ (s. Abb .53) für den Grenzübergang vom vollkommenen zum unvollkommenen Zustand,

$\left(\frac{\Delta h}{h_1\, gr}\right) = f(H)$ für verschiedene Verkürzungen (s. Abb. 54) beim Grenzübergang vom vollkommenen zum unvolllkommenen Zustand,

$$\alpha = f\left(\frac{h_1}{h_1 + w}\right) \qquad \text{(s. Abb. 55),}$$

$$m = f\left(\frac{\Delta h}{h_1}\right) \qquad \text{(s. Abb. 56).}$$

Hierbei bedeuten:

q_v Zufluß (gemessener),

b_2 Breite des Venturikanals im engsten Querschnitt,

H Energiehöhe = manometrische Höhe h_1 + Geschwindigkeitshöhe $\frac{v_1^2}{2g}$,

$\Delta h = H - h_3$, wobei H die Energiehöhe im Oberwasser und h_3 die manometrische Höhe im Unterwasser bedeuten,

α Durchflußbeiwert,

m Durchflußbeiwert für den unvollkommenen Abfluß,

w Schwellenhöhe,

l_D Länge des Diffusors.

Die bisherigen Versuchsreihen mit dem Venturikanal P I (Abb. 19) ergaben folgende Ergebnisse:

1. Der Durchflußbeiwert α bleibt bis zu der im Versuch erreichten manometrischen Höhe h_1 von 0,35 m nahezu konstant. Die maximalen Abweichungen vom Mittelwert $\alpha_m = 0{,}98$ betragen etwa 1,5%.

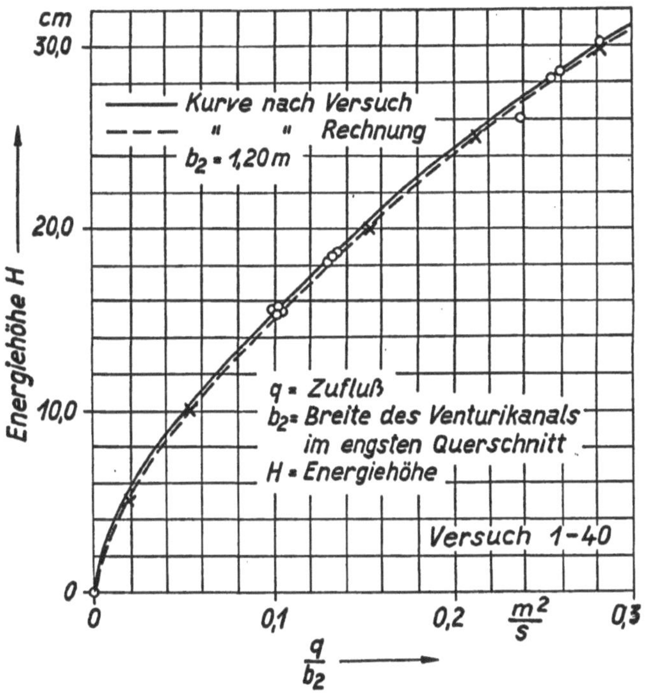

Abb. 51. $H = f\left(\frac{q}{b_2}\right)$ für vollkommenen Abfluß beim Venturikanal P I

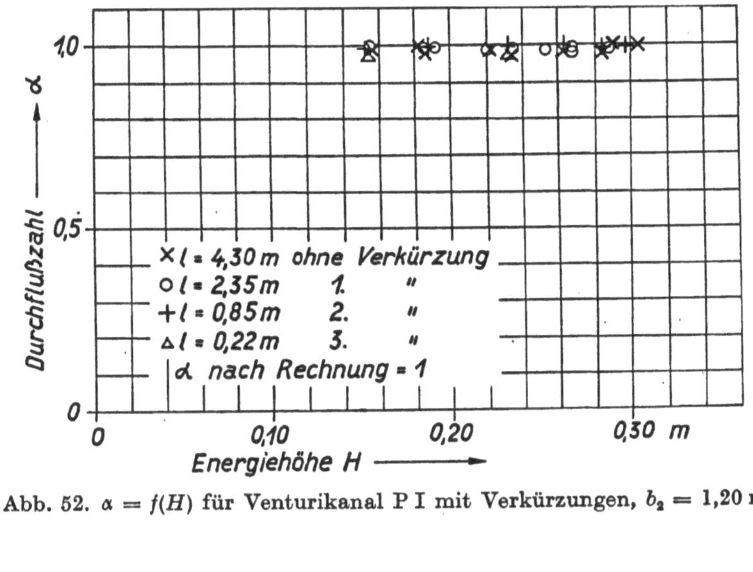

Abb. 52. $\alpha = f(H)$ für Venturikanal P I mit Verkürzungen, $b_2 = 1{,}20$ m

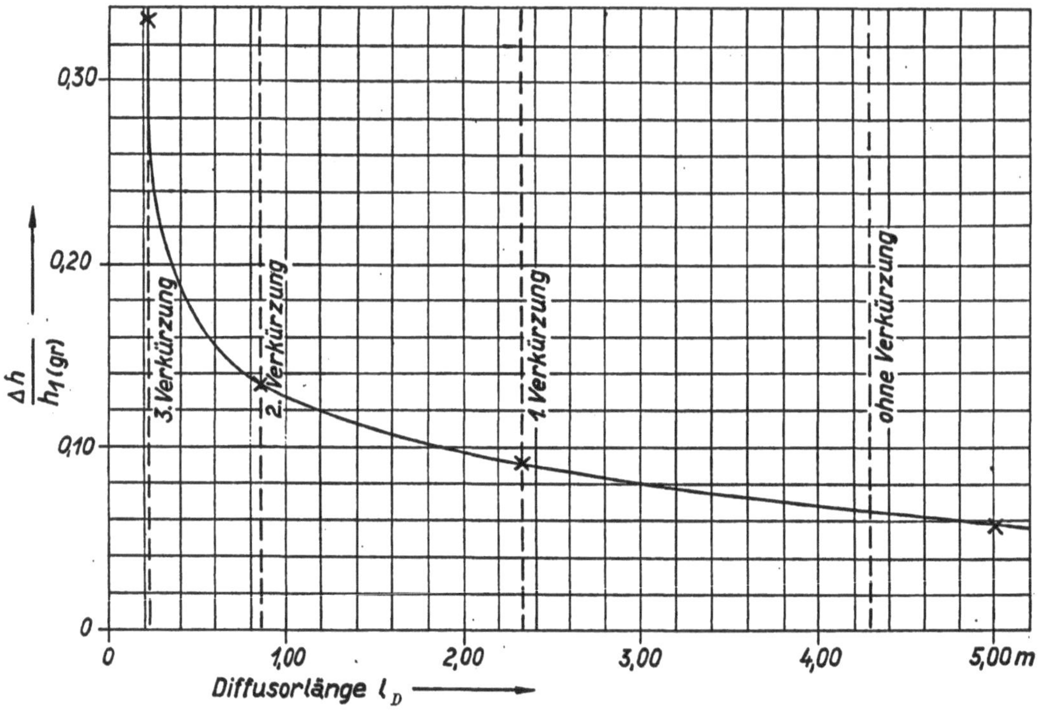

Abb. 53. $\left(\frac{\Delta h}{h_{1(g\,r)}}\right) = f(l_D)$ für Venturikanal P I, $b_2 = 1{,}20$ m

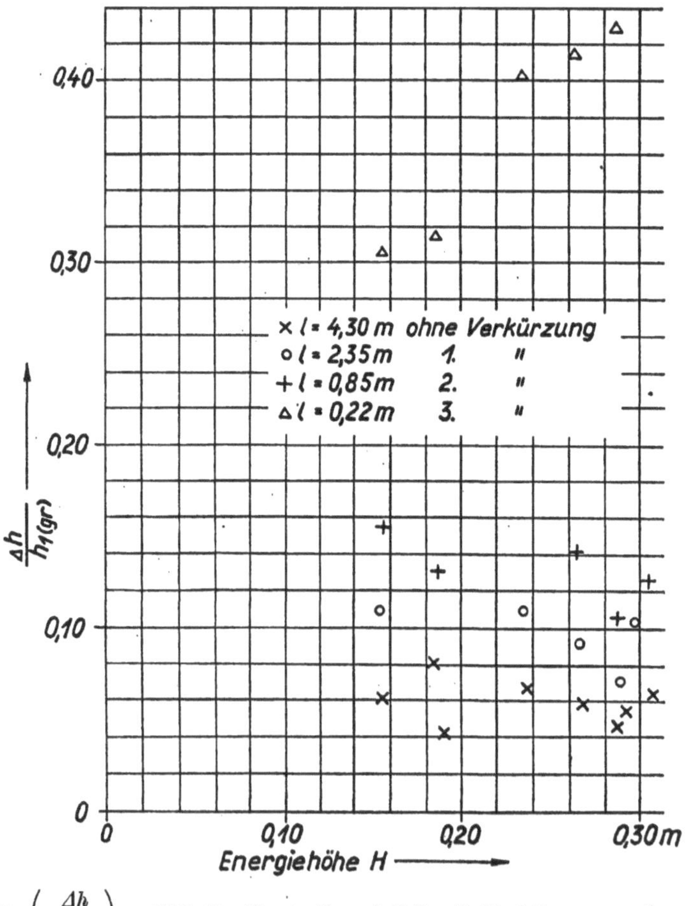

Abb. 54. $\left(\frac{\Delta h}{h_{1(g\,r)}}\right) = f(H)$ für Venturikanal P I mit Verkürzungen, $b_2 = 1{,}20$ m

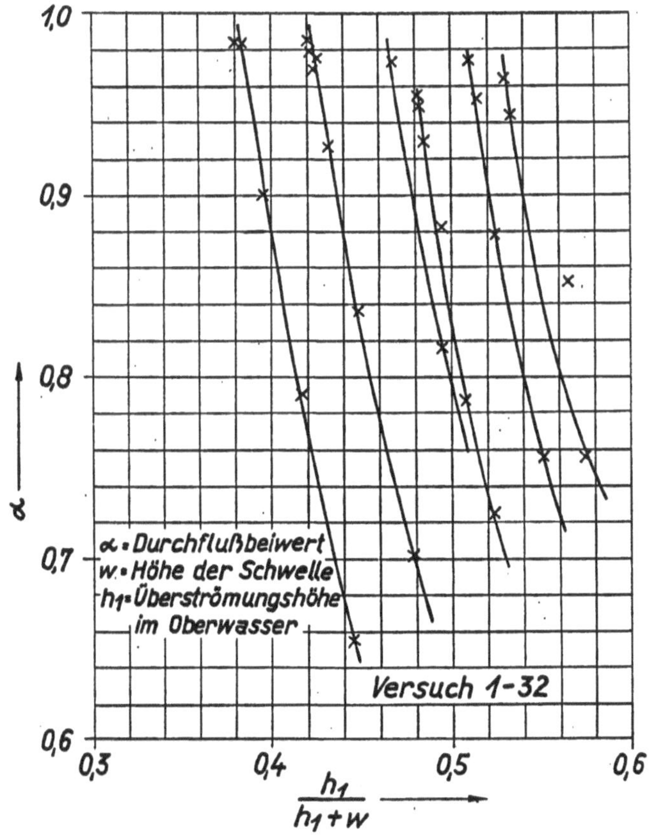

Abb. 55. $\alpha = f\left(\frac{h_1}{h_1 + w}\right)$ für unvollkommenen Abfluß beim Venturikanal P I

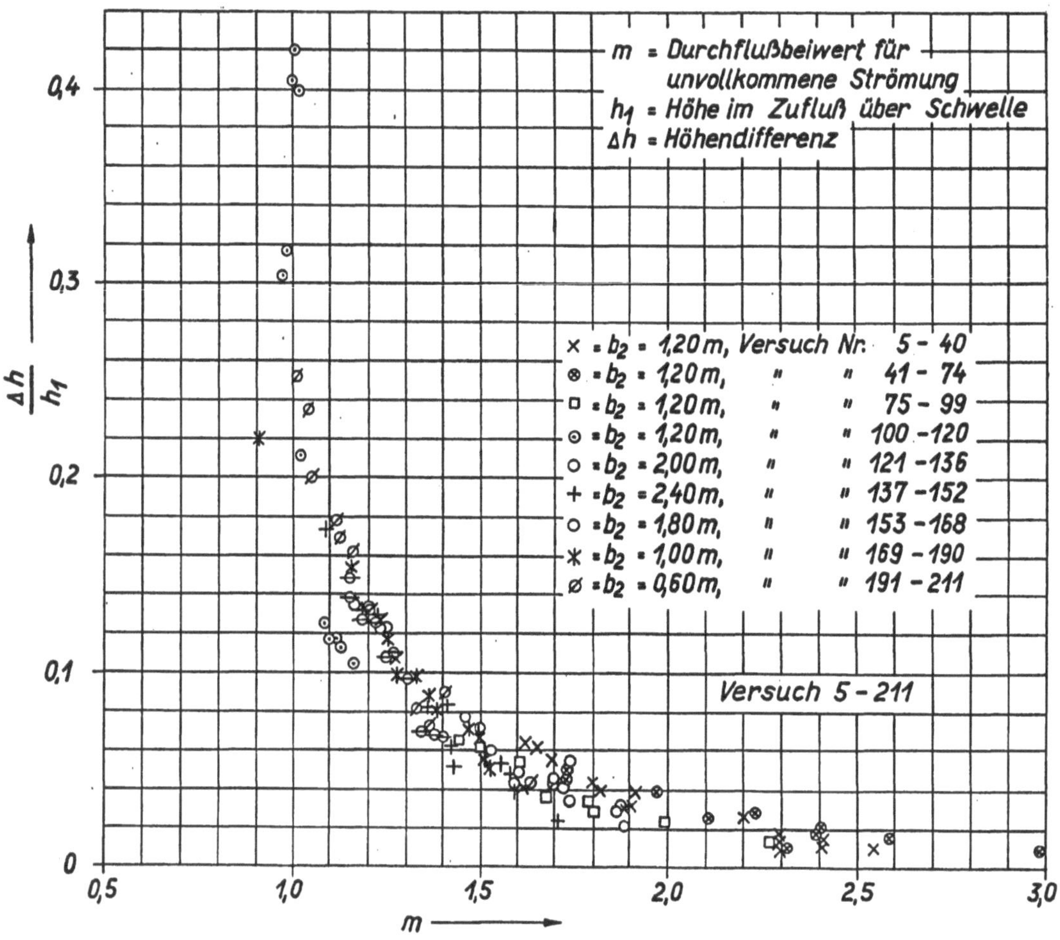

Abb. 56. $\frac{\Delta h}{h_1} = f(m)$ für unvollkommenen Abfluß beim Venturikanal P I

2. Das Verhältnis $\left(\frac{\Delta h}{h_1\,gr}\right)$ beträgt bei langem Diffusor etwa 6—10%, kann aber bei Verkürzungen des Venturikanals stark zunehmen.
3. Für die Durchflußbeiwerte α und m konnten für den unvollkommenen Strömungszustand gemäß Abb. 55 und 56 funktionelle Zusammenhänge zu $\frac{h_1}{h_1 + w}$ und $\frac{\Delta h}{h_1}$ gebildet werden.

Auf Grund der bisherigen Versuche mit dem Venturikanal P I, dessen Breite b_2 im engsten Querschnitt 1,20 m betrug, ergaben sich folgende zusätzliche Fragen:

a) Welchen Einfluß auf die Ergebnisse hat eine Veränderung der Breite b_2 im engsten Querschnitt, wenn die Breite b_1 im Zulauf konstant bleibt? Veränderung des Breitenverhältnisses $b = \frac{b_2}{b_1}$;
b) Wie verhält sich der Abfluß im Venturikanal bei manometrischen Höhen h_1 über 0,35 m?
c) Ist ein Unterschied in den Ergebnissen festzustellen, wenn die Schwellenhöhe verändert wird?

Zu a). Um den Einfluß des Breitenverhältnisses $b = \frac{b_2}{b_1}$ zu untersuchen, wurde der Venturikanal P I gemäß Abb. 57 mehrmals umgebaut. Während die Breite b_1 im Zufluß konstant blieb ($b_1 = 2{,}40$ m), wurde die Breite b_2 nacheinander zu 2,40 m; 2,00 m; 1,80 m; 1,00 m und 0,60 m ausgeführt (s. auch Abb. 24—48). Der Venturikanal P I mit der Breite $b_2 = 1{,}20$ m war bereits vorher eingehend untersucht worden. Es wurden bei den verschiedenen Breiten b_2 jeweils die gleichen Messungen wie vorher mit der Breite $b_2 = 1{,}20$ m ausgeführt. Bei der Auswertung der Messungen zeigte es sich, daß die Veränderung des Breitenverhältnisses $b = \frac{b_2}{b_1}$ keinen wesentlichen Einfluß auf den Durchflußbeiwert α und das Höhenverhältnis $\left(\frac{h_1}{h_3\,gr}\right)$ ausübt. In der Abb. 58 ist $\frac{q_v}{b_2}$ als Funktion von H für die verschiedenen Durchflußbreiten b_2 graphisch dargestellt. Die Kurve stimmt gut mit der in Abb. 51 dargestellten überein. Der Durchflußbeiwert α erfährt somit keine wesentliche Veränderung (s. Abb. 59).

Die Darstellung $\left(\frac{\Delta h}{h_1\,gr}\right) = f(H)$ in Abb. 60 zeigt, daß die Kurven für verschiedene Breitenverhältnisse die gleiche Form haben, aber etwas streuen, daß aber die Streuung nicht nach einer Gesetzmäßigkeit erfolgt. Bei allen Kurven nimmt $\left(\frac{\Delta h}{h_1\,gr}\right)$ mit zunehmendem H zu.

Zu b) Aus den bisherigen Versuchen mit dem Venturikanal ergab sich, daß der Durchflußbeiwert α bis zur Höhe h_1 im Oberwasser von $\approx$ 35 cm konstant blieb. Eine größere Höhe ließ sich nicht erreichen, weil der Schraubenschaufler bereits seine volle Leistung ($\approx$ 350 l/s) hergab. Es wurde daher der in Abb. 61 dargestellte Venturikanal P V zusätzlich untersucht. Dieser war an einen Schraubenschaufler größerer Leistung ($q_{max} \approx 800$ l/s) angeschlossen; die Breite des Venturikanals P V war geringer als die des Venturikanals P I und betrug im Zufluß 1,0 m. Es konnten bei einer Breite $b_2 = 0{,}40$ m im engsten Querschnitt Überströmungshöhen über der Schwelle von $h_1 = 0{,}85$ m erreicht werden. Die Versuche im Venturikanal P V erfolgten in der gleichen Form wie im Venturikanal P I. Es wurden sowohl die Abflüsse als auch die Lage des Wasserspiegels im Ober- und Unterwasser bestimmt. Die Ergebnisse zeigten, daß der Durchflußbeiwert α nicht konstant bleibt, sondern anfängt, sich bei Energiehöhen von ungefähr 35 cm an zu verändern. Das

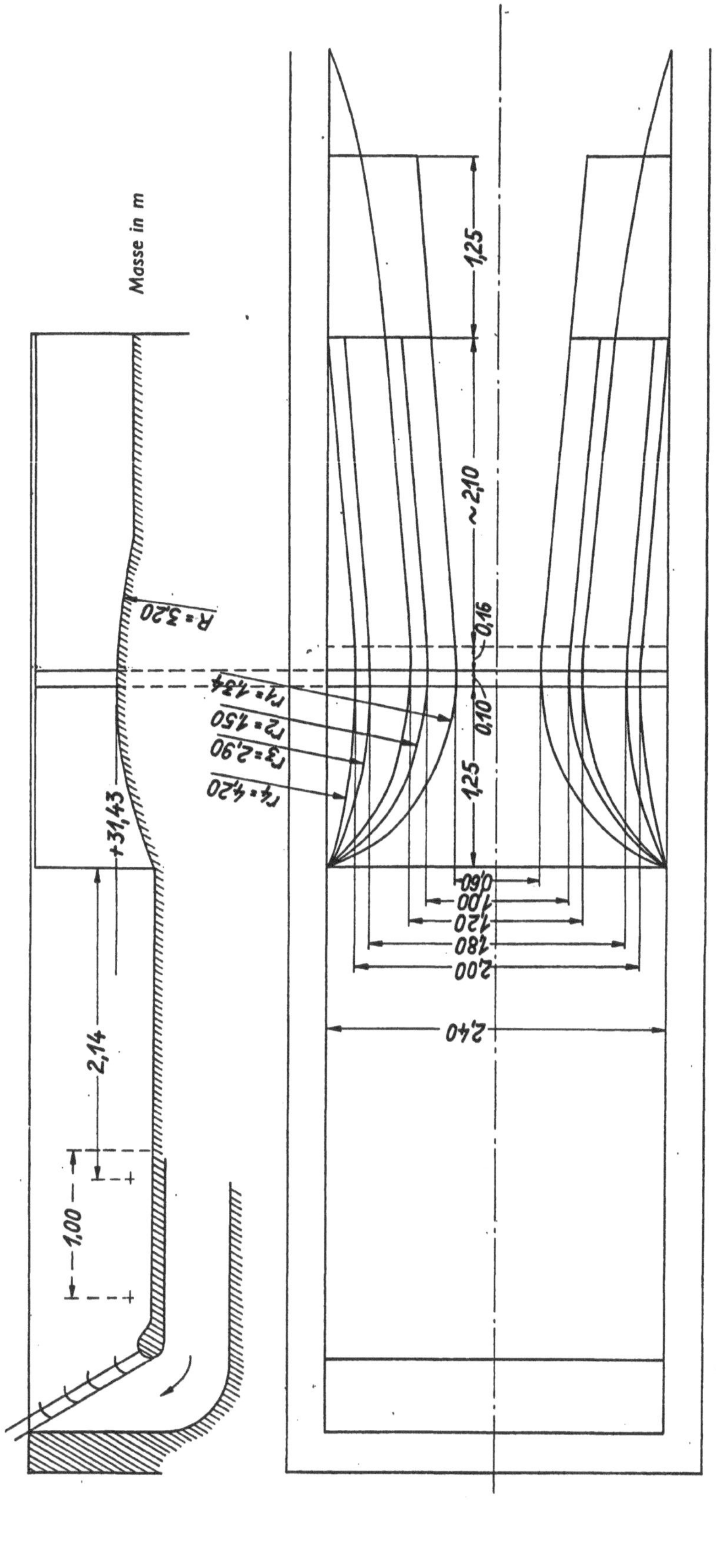

Abb. 57. Venturikanal P I mit verschiedenem Breitenverhältnis $b = \frac{b_2}{b_1}$

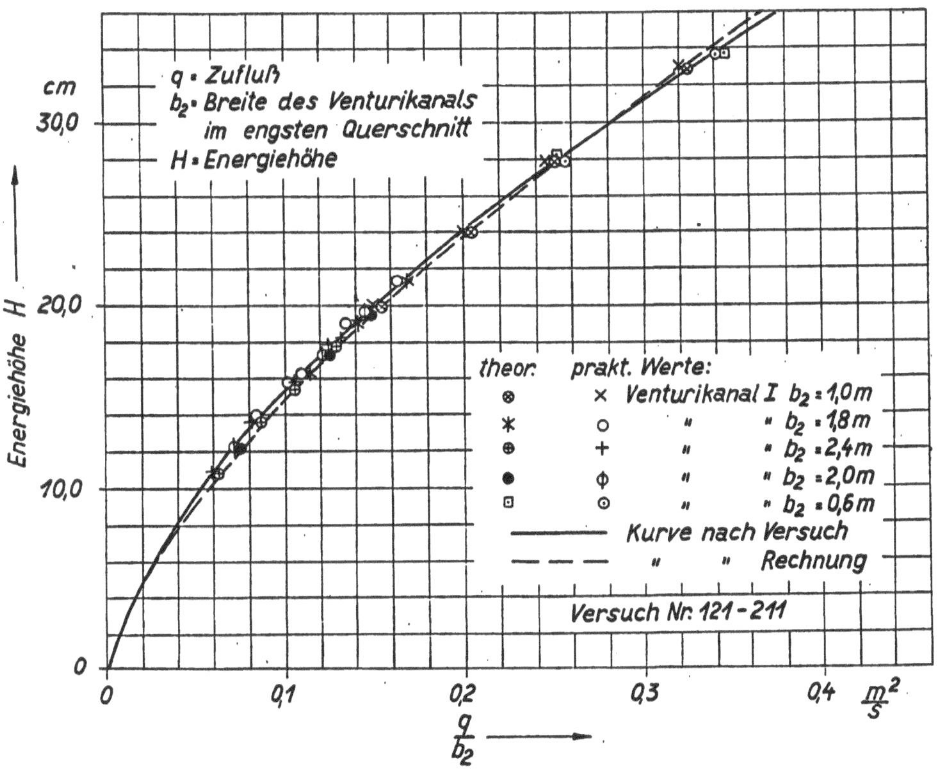

Abb. 58. $H = f\left(\frac{q}{b_2}\right)$ für vollkommenen Abfluß beim Venturikanal P I

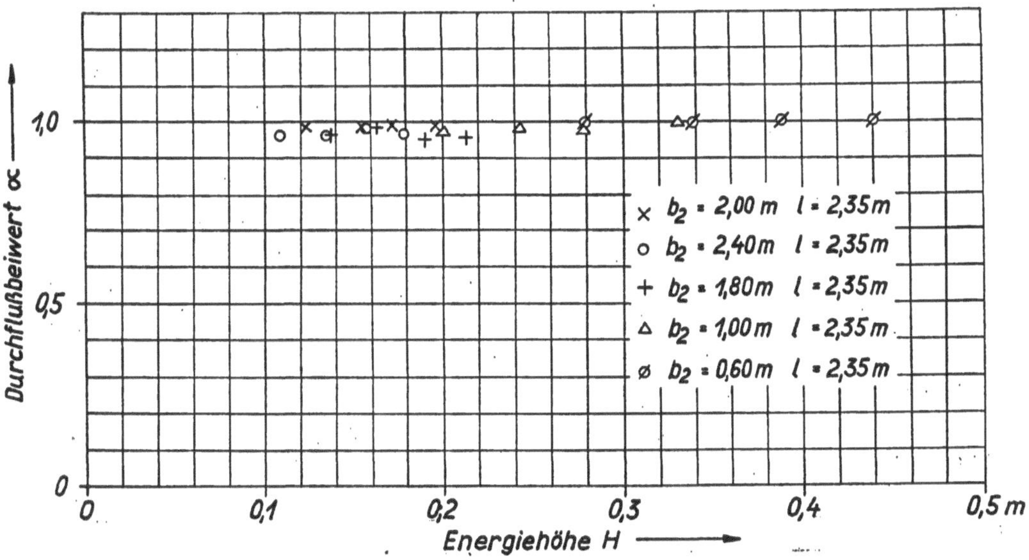

Abb. 59. $\alpha = f(H)$ für Venturikanal P I mit verschiedenem Breitenverhältnis

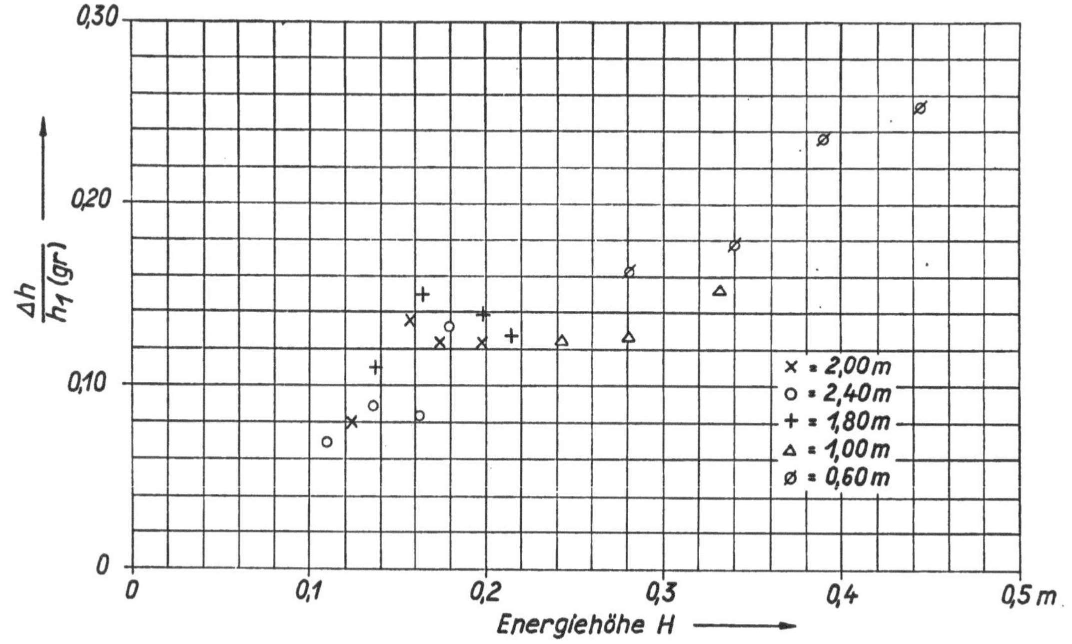

Abb. 60. $\left(\frac{\Delta h}{h_1(g\,r)}\right) = f(H)$ für Venturikanal P I

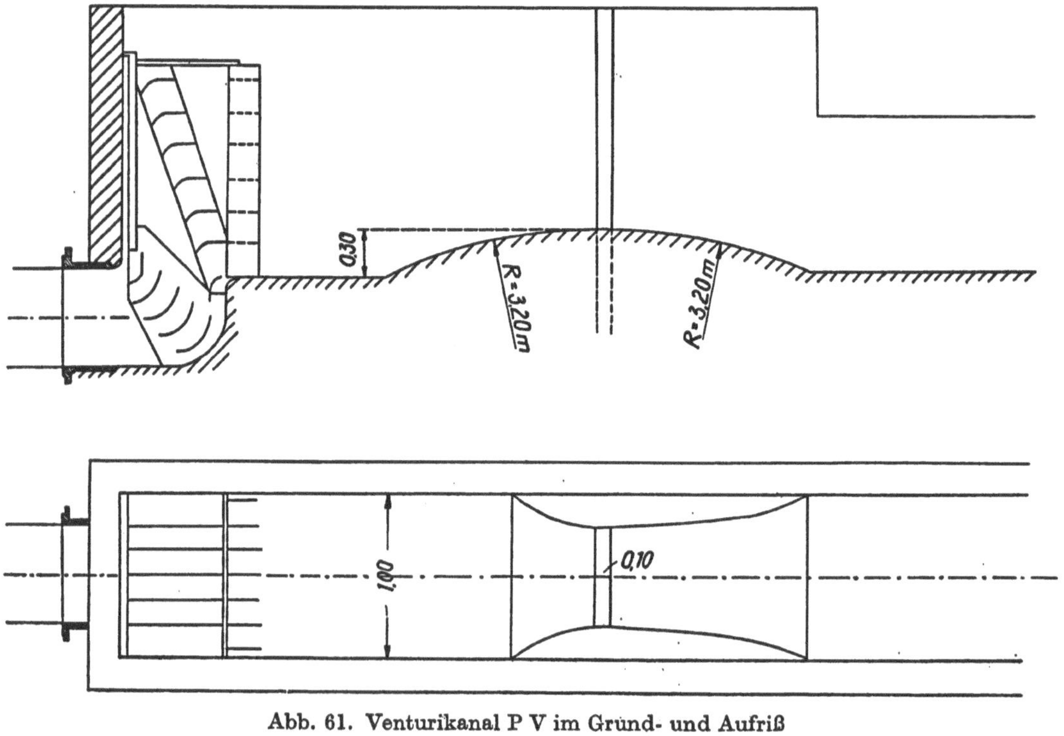

Abb. 61. Venturikanal P V im Grund- und Aufriß

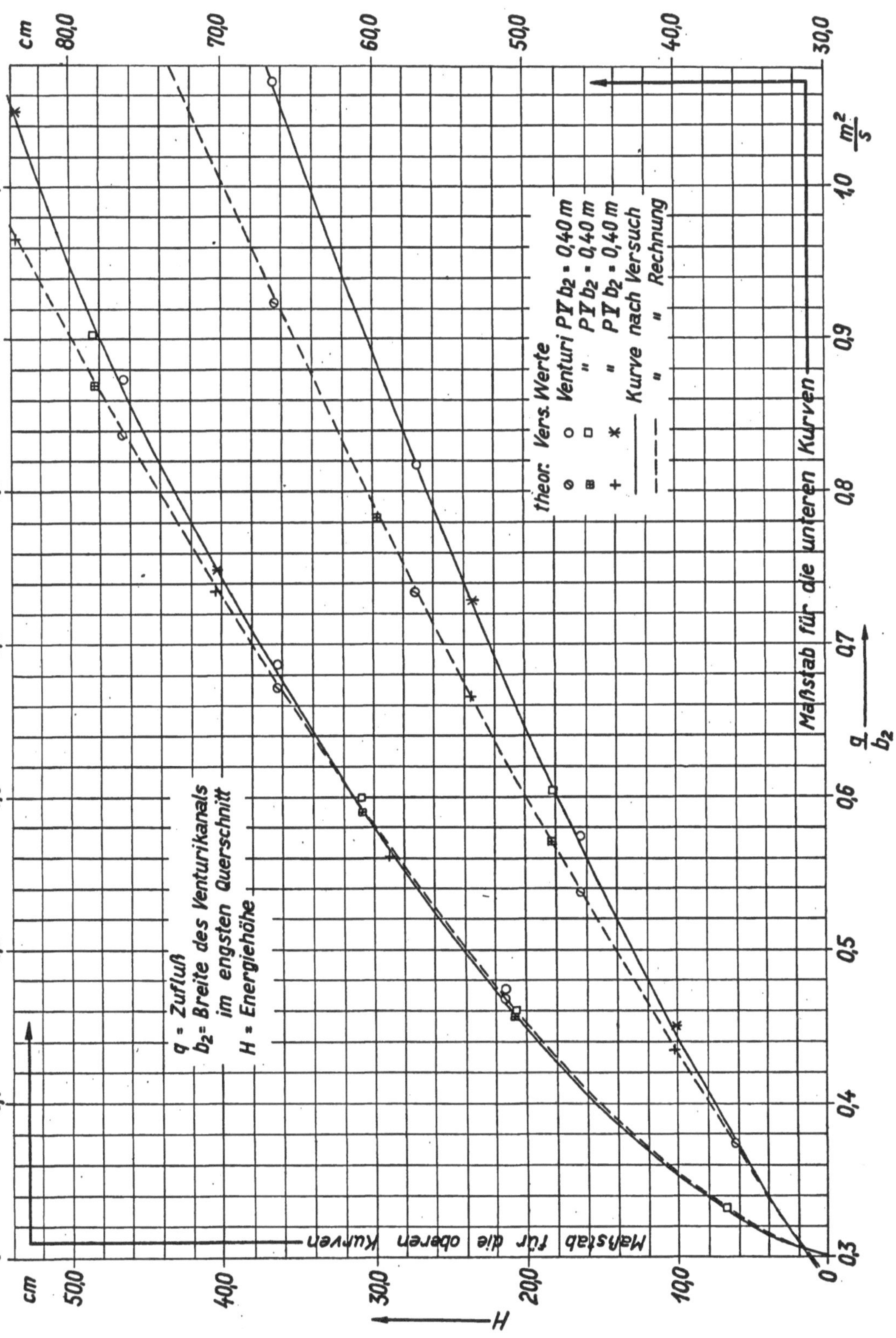

Abb. 62. $H = f\left(\frac{q}{b_2}\right)$ für Venturikanal P V

Höhenverhältnis $\left(\frac{\Delta h}{h_{1\,gr}}\right)$ nimmt auch mit wachsender Energiehöhe stark zu. Die graphischen Darstellungen

$$\frac{q_v}{b_2} = f_1(H) \text{ in Abb. 62,}$$

$$\alpha = f_2(H) \text{ in Abb. 63,}$$

$$\left(\frac{\Delta h}{h_{1\,gr}}\right) = f_3(H) \text{ in Abb. 64}$$

zeigen die Nachteile eines schmalen und hohen Venturikanals. $\left(\frac{\Delta h}{h_{1\,gr}}\right)$ ist ein Maß für die im Venturikanal verbrauchte Druckhöhe. Wie in der Einleitung bereits hingewiesen, verbrauchen die als Eichvorrichtungen verwendeten Wehrüberfälle einen verhältnismäßig

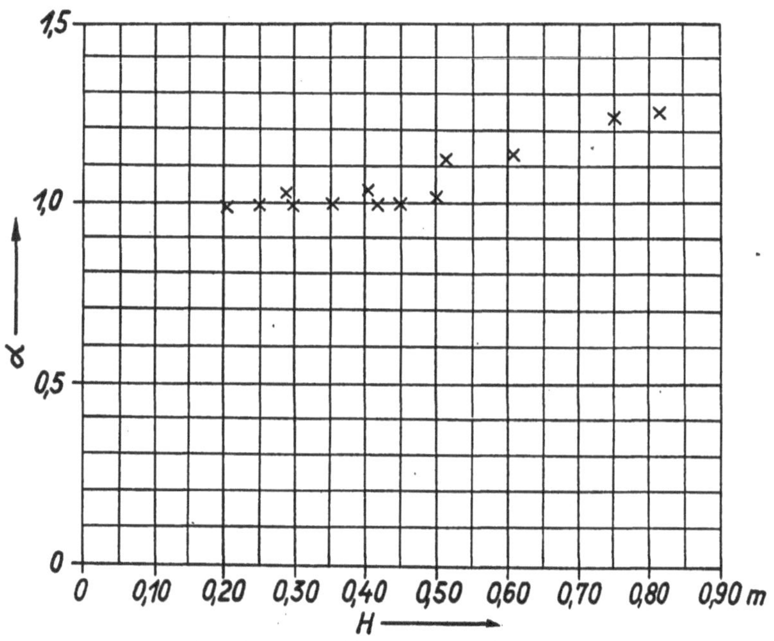

Abb. 63. $\alpha = f(H)$ für Venturikanal P V d

großen Teil des zur Verfügung stehenden Gefälles. Bei großer Überströmungshöhe h_1 im schmalen, hohen Venturikanal und gleichzeitig hohen zusätzlichen Druckhöhenverlusten sind die Vorteile eines solchen Venturikanals gegenüber dem Wehrüberfall gering. Es ist daher zweckmäßig, die Venturikanäle so zu projektieren, daß die Höhe h_1 klein bleibt (möglichst unter 35 cm). Wie anschließend gezeigt wird, ist es günstig, die Schwelle nicht zu hoch, jedoch schwach gekrümmt auszuführen.

Zu c) Es ergab sich bei den Versuchen mit dem Venturikanal P V, daß die Schwellenhöhe und die Form der Schwelle den Abflußbeiwert α und das Höhenverhältnis $\left(\frac{\Delta h}{h_{1\,gr}}\right)$ beeinflussen. Dieser Einfluß wurde systematisch mit Schwellen verschiedener Höhe und Form untersucht (s. Abb. 65). Zunächst erfolgten Versuche mit der gleichen Schwellenhöhe $w = 50$ cm. Hierbei wurden drei verschiedene Formen überprüft (siehe Form a, b, c in Abb. 65). Es zeigte sich, daß die Ausflußzahl hierdurch wenig beeinflußt wird (s. Abb. 66, $\alpha = f(H)$), wohl aber das Höhenverhältnis. Dies geht aus der Darstellung $\left(\frac{\Delta h}{h_{1\,gr}}\right) = f(H)$

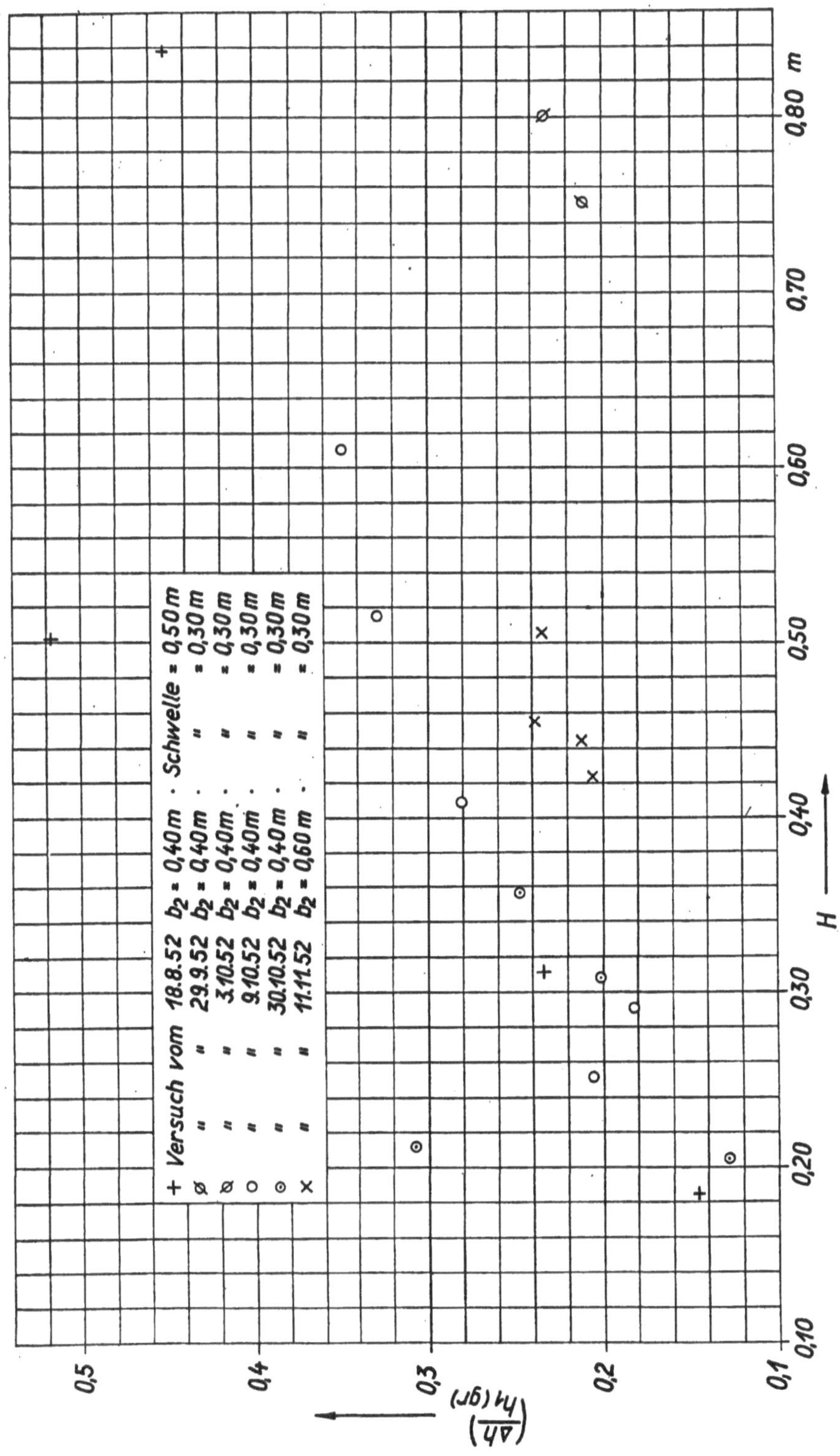

Abb. 64. $\frac{\Delta h}{h_1(g\,r)} = f(H)$ für Venturikanal P V

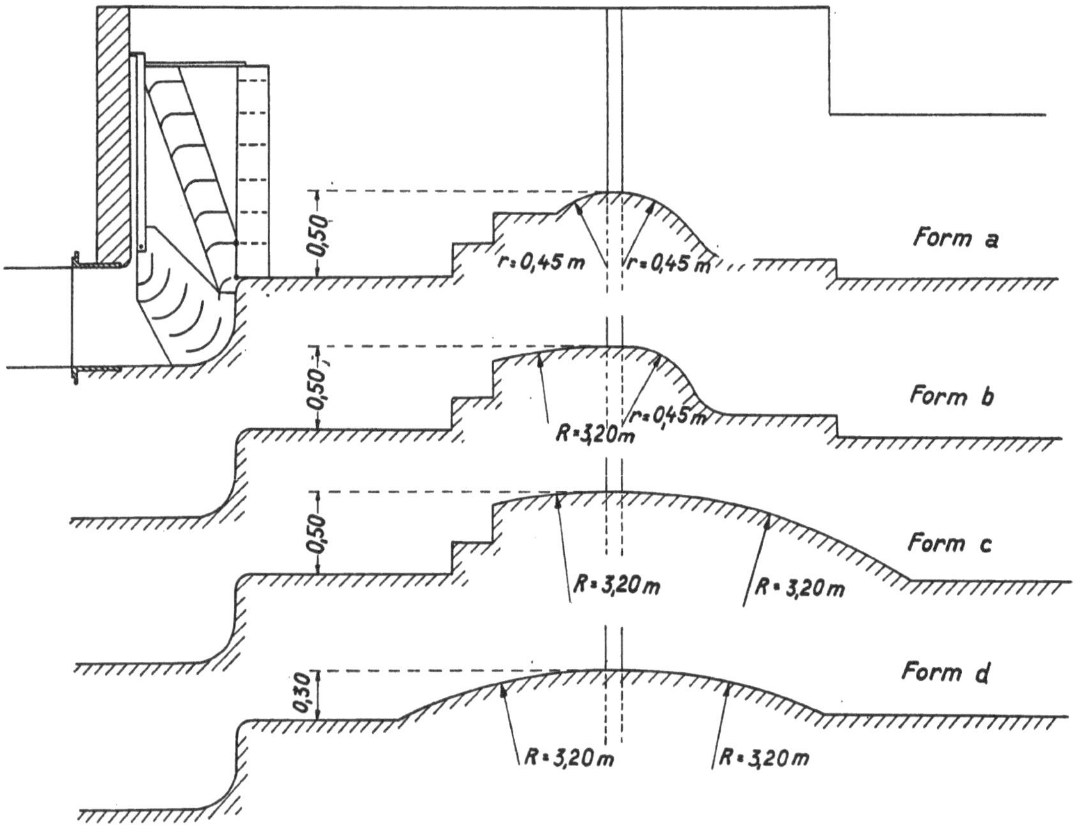

Abb. 65. Verschiedene Schwellenformen im Venturikanal P V

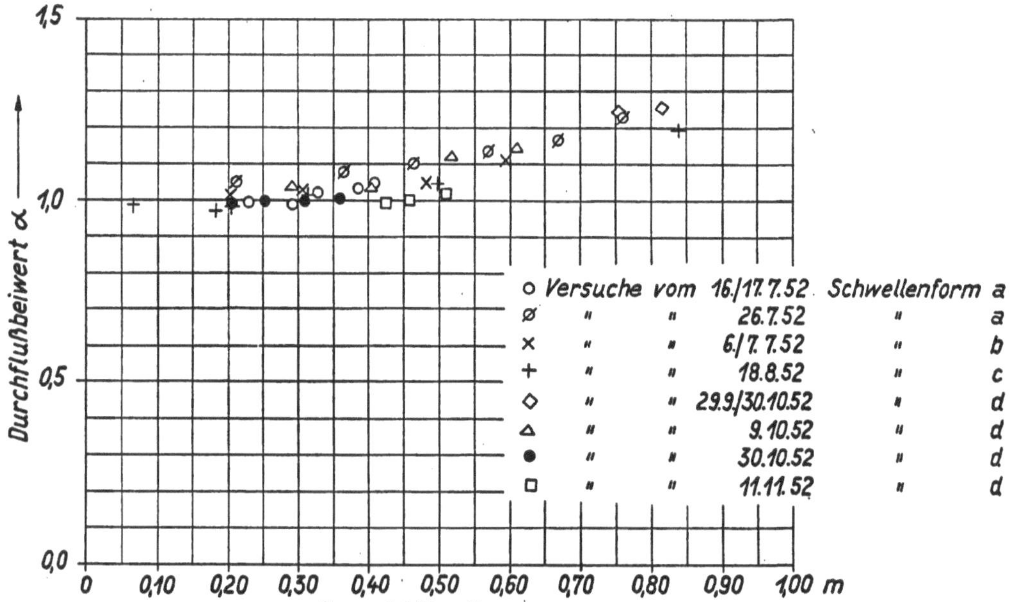

Abb. 66. $\alpha = f(H)$ für Venturikanal P V

in Abb. 64 hervor, in die gleichzeitig auch die Ergebnisse mit der niedrigeren Schwellenhöhe $w = 30$ cm eingetragen wurden. Das günstigste Ergebnis zeigte eine flache, schwach gekrümmte Schwelle.

Die Größen $\alpha, \frac{q_v}{b_2}$ und $\left(\frac{\Delta h}{h_{1\,gr}}\right)$ wurden für Venturikanäle verschiedener Ausführung bestimmt und zur Energiehöhe H in Beziehung gesetzt. Die Untersuchungen zeigten, daß $\alpha = f(H)$ und $\left(\frac{\Delta h}{h_{1\,gr}}\right) = f(H)$ als besonders charakteristische Darstellungen für die vollkommenen Venturikanäle angesehen werden können. Die Ergebnisse bei schießendem Abfluß sind:

1. Für Energiehöhen bis $\approx H = 0{,}35$ m wird α ungefähr 0,98. Dieser Wert schwankt sehr wenig, so daß in diesem Bereich die Bestimmung des Zuflusses mittels der Venturigleichung

$$q_v = \alpha \frac{2}{3\sqrt{3}} b_2 \sqrt{2g}\, H^{3/2}$$

rechnerisch möglich ist.

Bei größeren Energiehöhen nimmt α zu und wird bei großen Überströmungshöhen sogar größer als 1. Diese Zunahme von α über den Wert $\alpha = 1$ ist bemerkenswert, denn nach der Definition sollte α eine Art Wirkungsgrad wegen der Reibung und Kontraktion sein. Wird die obige Formel für den Zufluß zugrundegelegt, kann somit nur die Energiehöhe H kleiner geworden sein. Es ist $H = h_1 + \frac{v_1^2}{2g}$; die Verkleinerung von H bedingt eine Zunahme von v_1 und eine Abnahme von h_1, d. h., bei großen Überströmungshöhen ruft die Einschnürung eine Sogwirkung hervor.

2. Der Rückgewinn in der Höhe des Unterwassers kann sehr unterschiedlich sein. Er hängt von der Energiehöhe, von der Länge und Form des divergenten Auslaufs und von der Form und Höhe der Schwelle ab. Die Höhenverluste bewegten sich in den Grenzen von 6—50%.

3. Vergleich der Versuchsergebnisse der Forschungsanstalt mit den Ergebnissen von ENGEL

Im Abschnitt C II 2 wurde eingehend auf die Ergebnisse von ENGEL eingegangen, der auf Grund seiner Messungen die dimensionslose Boussinesqsche Zahl einführte und sie zur Durchflußzahl α in Beziehung setzte;

$$\alpha = f(Bou) = \frac{v}{\sqrt{g r}} = \frac{v_{2m}}{\sqrt{g \frac{2\, b_2 h_2}{2\, h_2 + b_2}}}\,.$$

Diese Boussinesqsche Zahl ist ihrem dimensionslosen Aufbau nach eine Froudesche Zahl mit dem mittleren hydraulischen Radius als Längendimension.

Werden diese Betrachtungen von ENGEL über die Venturikanäle auf die Versuche der Forschungsanstalt angewendet, so zeigt sich, daß im engsten Querschnitt der von der Forschungsanstalt untersuchten Venturikanäle noch keine schießende Strömung festgestellt werden konnte, obwohl bereits die Oberwasserspiegellage unabhängig von der Unterwasserspiegellage war. Wird die im engsten Querschnitt gemessene Wassertiefe h_2 für die Berechnung der mittleren Geschwindigkeit $v_{2m} = \frac{q}{f_2}$ und zur Berechnung der Wellengeschwindigkeit $c = \sqrt{g h_2}$ bzw. $c = \sqrt{g r_2}$, die sich bei schießender Strömung einstellt, herangezogen, so zeigt sich, daß $v_{2m} < c$; demnach ist der Grenzzustand, der Übergang vom Strömen zum

Schießen im engsten Querschnitt noch nicht erreicht. Auf Grund der Aufmessung der Wasserspiegellinien bei den einzelnen Versuchen konnte beim Venturikanal P I dieser Übergangsquerschnitt ermittelt werden, d. h. der Querschnitt, wo $c = v_{2m}$ ist. Die dort festgestellte Wassertiefe wurde an Stelle von h_2 in die Formeln

$$q_v = \alpha \frac{b_2 h_2 \sqrt{2g (h_1 - h_2)}}{\sqrt{1 - \frac{b_2^2 h_2^2}{b_1^2 (h_1 + w)^2}}}$$

und

$$Bou = \frac{v}{\sqrt{g r}} = \frac{v_{2m}}{\sqrt{g \frac{2 b_2 h_2}{2 h_2 + b_2}}}$$

eingesetzt, um α und Bou zu bestimmen. Die Beziehung $\alpha = f(Bou)$ ist in der Abb. 67 dargestellt.

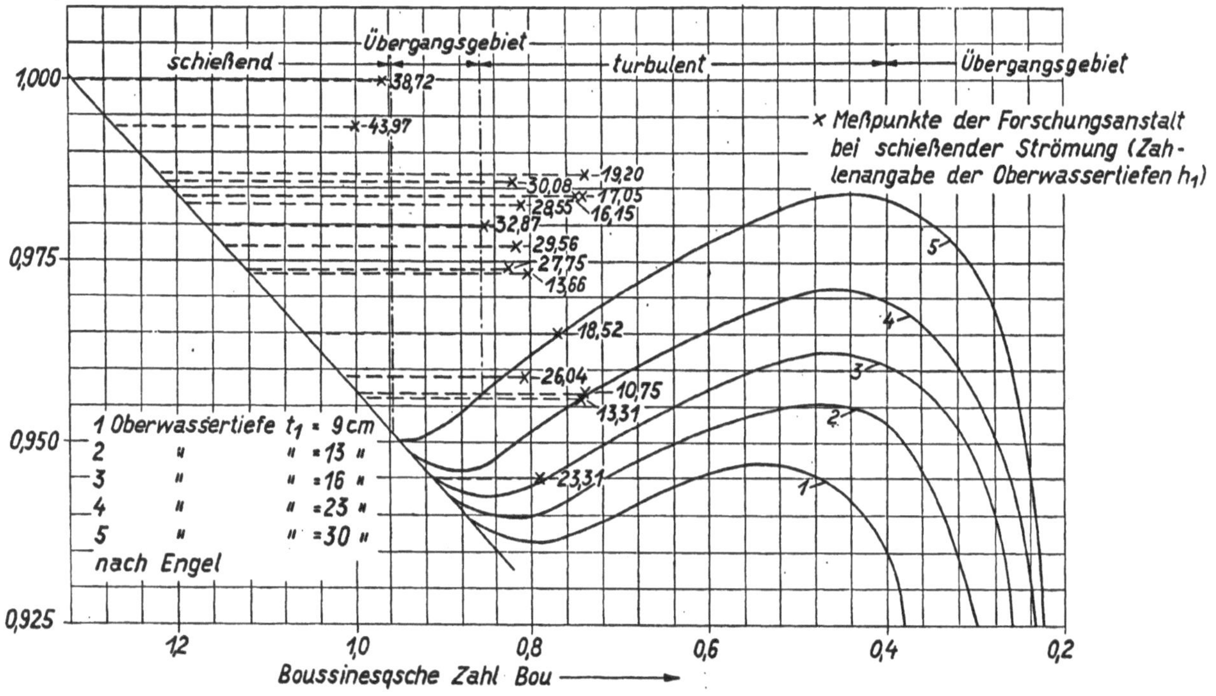

Abb. 67. α = (Bou) nach Engel

Ein) Vergleich dieser Ergebnisse mit der von Engel veröffentlichten Darstellung $\alpha = f(Bou)$ zeigt, daß die Meßergebnisse stark voneinander abweichen.

Wie Müller [19] in seinem Bericht erwähnt, müßte die von Engel vorgeschlagene Fassung der Kennzahl durch weitere Untersuchungen überprüft werden, wobei gleichartige Versuche zum Vergleich zu wählen sind, d. h. Venturikanäle mit rechteckiger Querschnittsform im Zufluß, Abfluß und Übergangsquerschnitt. Diese Voraussetzungen sind bei den Untersuchungen der Forschungsanstalt erfüllt, so daß ein Vergleich mit den Ergebnissen von Engel zulässig ist. Die Boussinesqsche Zahl kann als eine von den Querschnittsverhältnissen abhängige Froudesche Zahl angesehen werden. Das Froudesche Gesetz verlangt geometrische Ähnlichkeit für die Übertragung der Gesetzmäßigkeiten, die bei der Betrachtung von Venturikanälen mit gleicher Querschnittsform aber verschiedenen Breiten und

Fülltiefen nicht vorhanden ist, so daß sich die Strömungsbilder im Kanal ändern. Die Einführung der Boussinesqschen Zahl als charakteristische Größe erscheint daher gerechtfertigt. Die vielseitigen Untersuchungen der Forschungsanstalt zeigen jedoch, daß die Darstellung $\alpha = f(Bou)$ von der Lage des Grenzquerschnittes abhängig ist. Der Grenzquerschnitt und sogenannte engste Querschnitt können voneinander abweichen. Außerdem untersuchte ENGEL Venturikanäle ohne Schwelle, während die Forschungsanstalt bei ihren Untersuchungen zum größten Teil eine flachgekrümmte Schwelle verwendete.

Die im Grenzquerschnitt vorhandene Grenztiefe $h_{2\,gr}$, die sich aus der Bezeichnung

$$v_2 = \frac{q}{f_2} = \frac{q}{b_2 h_2} = c = \sqrt{g\, h_2}$$

rechnerisch ermitteln läßt und $h_{2\,gr} = \sqrt[3]{\frac{q^2}{b_2^2\, g}}$ ergibt, stimmt mit der von ENGEL angegebenen kritischen Tiefe $h_{2\,kr}'$ die sich ergibt, wenn in dem Grenzquerschnitt die Boussinesqsche Zahl den Wert 1 annimmt, im allgemeinen nicht überein. Die nachfolgende Rechnung liefert die Bestätigung.

Nach Definition gilt:

$$Bou = \frac{v}{\sqrt{g\, r}} = \frac{v_2}{\sqrt{g \frac{2\, b_2\, h_2}{2\, h_2 + b_2}}}.$$

oder $Bou = 1$

$$v_2 = \sqrt{g \frac{2\, b_2\, h_2}{2\, h_2 + b_2}}.$$

Andererseits soll im betrachteten Querschnitt der turbulente Abfluß in den schießenden umschlagen, daher wird

$$v_2 = c = \sqrt{g\, h_2}$$

$$\sqrt{g\, h_2} = \sqrt{g \frac{2\, b_2\, h_2}{2\, h_2 + b_2}}$$

$$2\, h_2^2 + b_2\, h_2 = 2\, b_2\, h_2,$$

$$h_{2\,kr} = \frac{b_2}{2}.$$

Die kritische Tiefe $h_{2\,kr}$ ist konstant und stimmt mit der Grenztiefe $h_{2\,gr}$ im allgemeinen nicht überein. Bei Übereinstimmung ist

$$h_{2\,gr} = h_{2\,kr} = \frac{b_2}{2}.$$

Die Grenztiefe $h_{2\,gr}$ ist die Tiefe, bei der die Oberwasserspiegellage unabhängig von der Unterwasserspiegellage wird. Hierbei ist gewöhnlich die Boussinesqsche Zahl kleiner als 1, die Froudesche Zahl

$$F_r = \frac{v_2}{\sqrt{g\, h_2}}$$

dagegen gleich 1.

Die kritische Tiefe $h_{2\,kr}$ ist die Tiefe, bei der der turbulente Abfluß in den schießenden umschlägt. Bei diesem Übergang wird eine stehende Welle mit V-förmigen Seitenwalzen im Venturikanal beobachtet, und es ist die Boussinesqsche Zahl gleich 1. Die Lage des Oberwasserspiegels ist immer noch von der des Unterwasserspiegels abhängig und zwar solange, bis die Froudesche Zahl gleich 1 wird. Es kann also, wie früher bereits festgestellt, im Diffusor ein schwacher Wechselsprung auftreten und trotzdem der Oberwasserspiegel vom Unterwasser beeinflußt werden.

Der Versuch 8 liefert eine Bestätigung für die Gleichung

$$h_{2\,kr} = \frac{b_2}{2}.$$

Für $b_2 = 0{,}60$ m muß $h_{2\,kr} = \frac{b_2}{2} = 0{,}30$ m sein. Der Versuch ergab $h_2 = 0{,}29$ m für $Bou = 1$ und $b_2 = 0{,}60$ m.

Engel hat 4 Abflußgleichungen für Venturikanäle angegeben und diese Gleichungen auf Grund seiner Messungen in bezug auf den Durchflußbeiwert untersucht.

a) Abflußgleichung für vollkommene Durchströmung:

$$q_v = \alpha_1 \left(\frac{2}{3}\right)^{3/2} \sqrt{g}\, b_2 \left(h_1 + \frac{v_1^2}{2\,g}\right)^{3/2}.$$

b) Allgemeine Abflußgleichung für vollkommene und unvollkommene Durchströmung des Venturikanals:

$$q_v = \alpha_2 \frac{b_2\, h_2 \sqrt{2\,g\,(h_1 - h_2)}}{\sqrt{1 - \frac{b_2^2\, h_2^2}{b_1^2\,(h_1 + w)^2}}}.$$

c) Näherungsgleichung für vollkommene Durchströmung:

$$q_v = \left(\frac{2}{3}\right)^{3/2} \frac{\alpha_3 \sqrt{g}\; b_2\; h_1^{3/2}}{\sqrt{1 - \frac{4}{9}\left(\frac{b_2}{b_1}\right)^2}}.$$

d) Die Jamesonsche Gleichung für vollkommene Durchströmung hat die Form

$$q_v = \alpha_4 H^{3/2} \sqrt{g}\, b_2\, h_1^{3/2}, \qquad \text{wobei} \qquad H = \frac{h_2}{h_1}$$

gesetzt wurde. Die Gleichungen a und b sind bereits eingehend in dem Bericht der Forschungsanstalt behandelt worden. Nunmehr wird auch anschließend zu den Gleichungen c und d Stellung genommen.

Engel weist in seinem Bericht darauf hin, daß die allgemein bekannte und angewandte Gleichung a auf der rechten Seite noch die Zuflußgeschwindigkeit v_1 im Oberwasser des Venturikanals enthält und sich daher nur schrittweise lösen läßt.

Die Gleichungen c und d dagegen gestatten, ohne Berücksichtigung der Zuflußgeschwinkeit v_1, den Zufluß zu bestimmen.

Für alle 4 Gleichungen wurden unter Verwendung gleicher Meßwerte die Durchflußzahlen α_1 bis α_4 bestimmt. Bei der Jamesonschen Gleichung wurde noch zusätzlich der Wert α_5 berechnet, denn bei dieser Berechnung kann die Größe $H = \frac{h_2}{h_1}$ unter Verwendung von Versuchswerten bestimmt werden oder auf Grund einer von Engel angegebenen Rechnungsmethode nach Jameson, wobei H unter Verwendung der Gleichung 3. Grades

$$H^3 - \frac{1}{b^2}(3\,H - 2) = 0$$

bestimmt wird. b ist hierbei das Breitenverhältnis $\frac{b_2}{b_1}$. Diese Gleichung erhält man, wenn Gleichung b nach h_2 differenziert und $\frac{d_q}{dh_2} = 0$ gesetzt wird. Die Werte α_1 bis α_5 sind in der Abb. 68 zeichnerisch zusammengestellt. Es zeigt sich, daß der Wert α_4 konstant für alle Zuflüsse ist, wobei aber zu berücksichtigen ist, daß die Größe H durch die Versuchswerte bestimmt wurde.

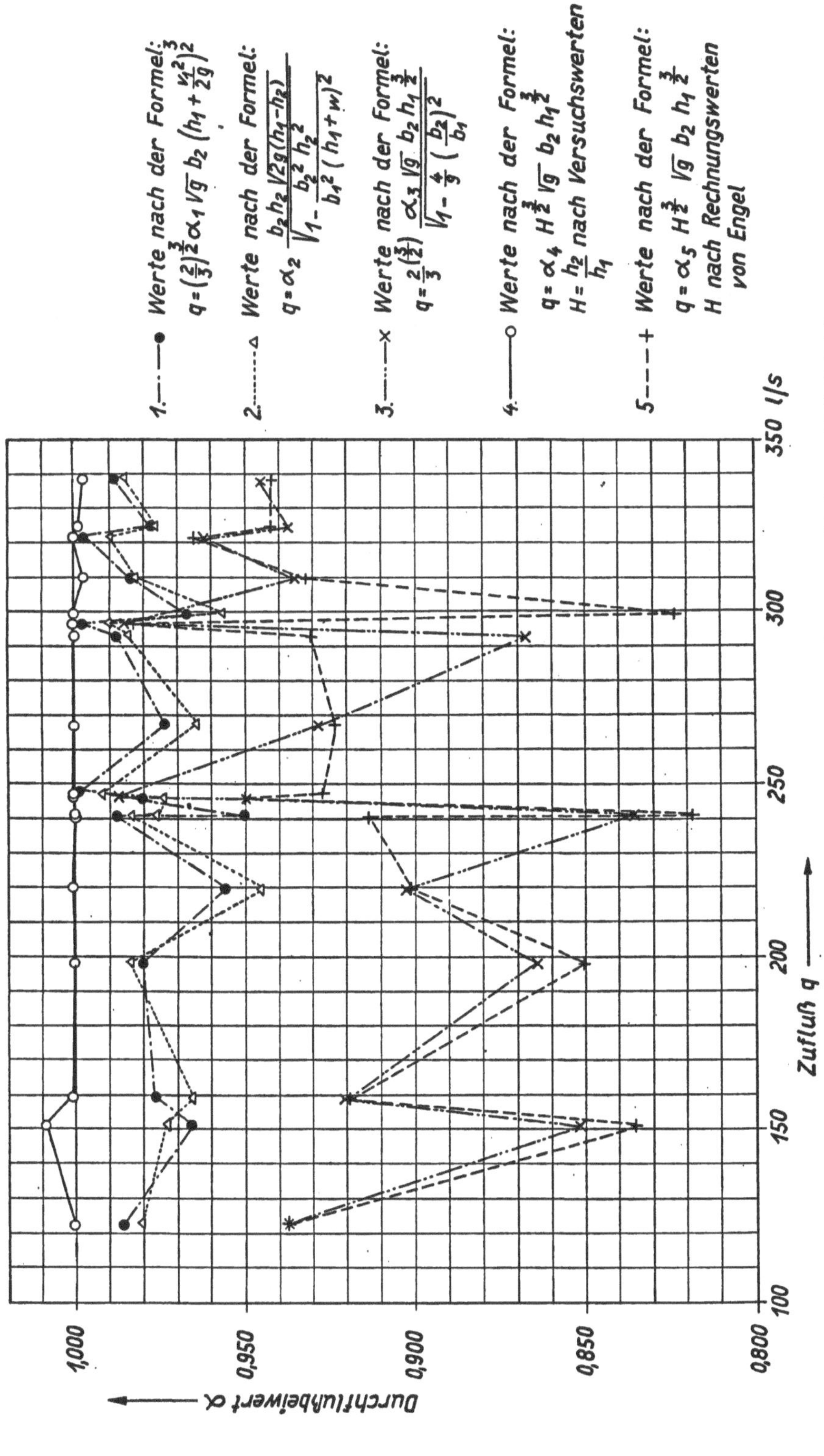

Abb. 68. $\alpha = f(q)$ für Venturikanal P I bei Verwendung verschiedener Abflußgleichungen

Im allgemeinen wird man bei der Anwendung der Jamesonschen Gleichung die Rechnung nach Engel durchführen und die Größe H mittels der erwähnten Gleichung 3. Grades bestimmen müssen. In diesem Falle zeigt der Durchflußbeiwert α_5 größere Schwankungen als die Durchflußbeiwerte nach den Formeln a und b.

Man wird auf Grund dieser Ergebnisse die Abflüsse bzw. Größenverhältnisse des Venturikanals zweckmäßig nach der allgemein bekannten Gleichung a bestimmen und eine schrittweise Lösung der Aufgabe in Kauf nehmen.

Die wesentlichen Ergebnisse dieser Versuche in der Versuchsanstalt Potsdam sind folgende: Der Venturikanal hat zur Messung größerer Abflüsse gegenüber den im Modellversuchswesen bisher benutzten Eichkästen mit Überfallblechen den Vorteil, daß ein geringerer Gefälleverlust zwischen den Wasserspiegeln im Ober- und Unterwasser eintritt. Der Gefälleverlust kann auf ein Minimum reduziert werden, wenn die Überströmungshöhe und die Krümmung der Schwelle niedrig gehalten werden und der divergente Auslauf günstig ausgebildet wird. Die Genauigkeit der Messung ist nur bei kleinen Überströmungshöhen gut, da sich der Durchflußbeiwert bei größeren Überströmungshöhen verändert. Bei größeren Überströmungshöhen können daher die diesen Höhen entsprechenden sekundlichen Wassermengen nicht mehr rechnerisch, sondern nur noch durch Eichung genau bestimmt werden. Die von Engel auf Grund seiner Versuche eingeführte Beziehung $\alpha = f(Bou)$, wobei α der Durchflußbeiwert und Bou die Boussinesqsche Zahl ist, wurde eingehend untersucht. Es zeigte sich, daß diese Beziehung nicht den Anspruch erheben kann, allgemeine Gültigkeit für Venturikanäle mit und ohne Schwelle zu besitzen. Die von Engel eingeführten Größen: Grenztiefe und kritische Tiefe wurden ebenfalls überprüft, wobei sich zeigte, daß die Grenztiefe und die kritische Tiefe im allgemeinen voneinander abweichen. Die von der Forschungsanstalt verwendeten Beziehungen $\alpha = f(H)$, $\left(\frac{\Delta h}{h_1}\right)_{gr} = f(H)$ erfassen die Eigenschaften der Venturikanäle besser als die von Engel eingeführte Funktion $\alpha = f(Bou)$. In diesem Zusammenhang ist es zweckmäßig, darauf hinzuweisen, daß der im folgenden Kapitel E untersuchte Venturikanal K I ohne Schwelle Abflußbeiwerte lieferte, die zu der Boussinesqschen Zahl in Beziehung gesetzt, im Bereich des schießenden Abflusses ebenfalls nicht mit der von Engel angegebenen und auf Abb. 67 dargestellten Beziehung $\alpha = f(Bou)$ übereinstimmten.

4. Die Druckmessungen an einer Sohlschwelle

In der Versuchsanstalt Potsdam wurde in einer 60 cm breiten, 30 m langen und 1 m tiefen Versuchsrinne aus Beton eine Sohlschwelle gemäß Abb. 69 eingebaut. Die Rinne besaß dort, wie aus der Abb. 70 zu ersehen ist, ein 3 m breites Glasfenster, durch das die Strömungsvorgänge über der Schwelle beobachtet werden konnten. Wie die Abb. 69 zeigt, hatte die Schwelle 9 Anbohrungen. Diese wurden an ein Manometer zur Messung der manometrischen Drücke längs der Schwelle angeschlossen. Abb. 71 zeigt die Versuchsrinne im Grund- und Aufriß. Längs der Sohle der Rinne waren ebenfalls in gleichen Abständen Anbohrungen vorgesehen, um den Verlauf des Wasserspiegels während der einzelnen Versuche bestimmen zu können. Diese Anbohrungen wurden an eine Manometerharfe normaler Bauart angeschlossen. Der Anschluß der Anbohrungen längs der Sohlschwelle erfolgte an ein Schrägmanometer, welches eine feinere Ablesung gestattet und auf Abb. 70 auf der rechten Seite sichtbar ist. Das Wasser wurde durch eine Pumpe aus dem Vorratsbehälter in den Hochbehälter gefördert und strömte von dort durch eine Rohrleitung von 600 mm lichtem Durchmesser in die Versuchsrinne. Durch Einbauten, wie Rechen, Leitbleche am

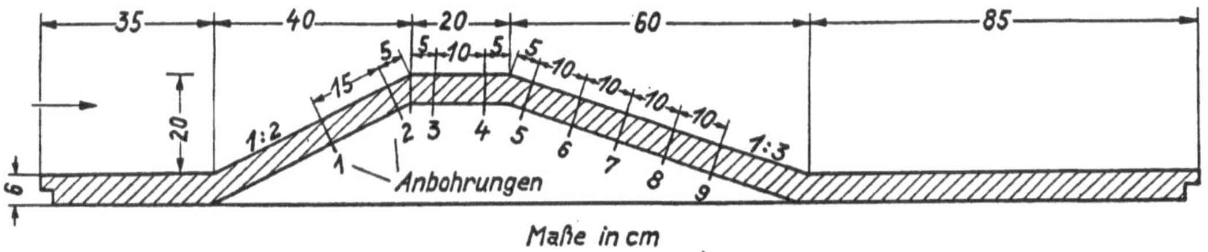

Abb. 69. Form der Grundschwelle

Abb. 70. Beobachtungsfenster mit Schrägmanometer (rechts)

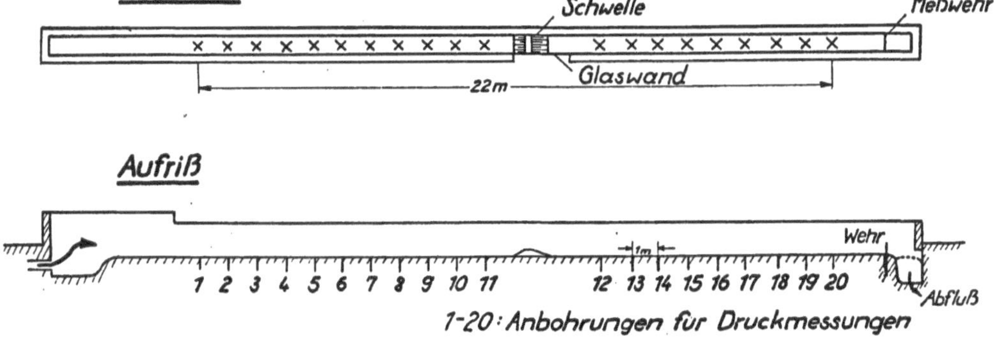

Abb. 71. Versuchsrinne für Grundschwellenuntersuchungen

Anfang des Kanals wurde für eine ruhige, gleichmäßige Zuströmung zur Sohlschwelle gesorgt. Am Ende der Versuchsrinne wurde das Wasser zur Bestimmung des Abflusses über ein Eichblech mit scharfkantiger Krone geleitet. Bei jedem Versuch wurde die Überströmungshöhe h außerhalb der Senkungskurve gemessen und der Abfluß q mittels der Formel von REHBOCK

$$q_v = \left(1{,}782 + 0{,}24 \frac{h_e}{w}\right) b\, h_e^{3/2}$$

bestimmt. Bei den Versuchen Nr. 2,11—2,16 (s. Tab. 3) war die Höhe des 60 cm breiten Eichbleches $w = 0{,}1595$ m, bei den Versuchen Nr. 2,41—2,46 war $w = 0{,}1022$ m. Nach Passieren des Eichbleches floß das Wasser zur Pumpe zurück. Während eines jeden Versuches wurde außer dem Abfluß q_v die Überströmungshöhe h_1 im Oberwasser, bezogen auf die Schwellenkrone, gemessen; ferner wurde mittels einer 9 m langen Meßbrücke und unter Verwendung einer Meßnadel der Wasserspiegel im Bereich der Schwelle abgetastet und daraus der Verlauf des Wasserspiegels ermittelt. Gleichzeitig wurden an beiden Manometern die Drücke an den verschiedenen Meßstellen der Sohlschwelle und der Versuchsrinne abgelesen und graphisch aufgetragen. Abb. 72 zeigt den Verlauf der Wasserspiegellinien und der Drucklinien für die Versuche Nr. 2,11—2,16. Hieraus ist zu ersehen, daß bei kleinen Überströmungshöhen ein Überdruck auftritt. Die Druckhöhe ist größer als die gemessene Wassertiefe. Dies wirkt sich auf den Abflußbeiwert α aus, der, wie die Tab. 3 zeigt, bei kleinen Überströmungshöhen stark absinkt und bedeutend kleiner als 1 wird. Bei großen Überströmungshöhen dagegen wurde α größer als 1 und die gemessenen Druckhöhen kleiner als die gemessenen Wassertiefen. Für die Berechnung von α wurde, wie beim Venturikanal, die Abflußformel

$$q_v = \alpha \frac{2}{3\sqrt{3}} \sqrt{2g}\, b_2\, H^{3/2}$$

verwendet.

Somit ist

$$\alpha = \frac{3\sqrt{3}\, q_v}{2\sqrt{2g}\, b_2\, H^{3/2}}.$$

In die Tab. 3 wurde auch die Grenztiefe h_{2gr} eingetragen, die aus der Beziehung $h_{2gr} = \sqrt[3]{\frac{q_v^2}{b_2^2\, g}}$ ermittelt wurde.

Die Grenztiefe, bei der die Umwandlung von Strömen in Schießen eintritt, liegt kurz vor der Meßstelle 4, fast am Ende der Schwellenkrone.

Böss [5] hat infolge der durch die Zentrifugalkräfte auf den gekrümmten Strombahnen auftretenden Unterdrücke die Folgerung gezogen, daß die Lösung des Wehrproblems von der genauen Erfassung der Größe des Unterdruckes im überfallenden Strahl auszugehen hat. Um eine einfache mathematische Behandlung durchzuführen, wird von Böss ein geradliniger Verlauf des Unterdruckes angenommen (s. Abb. 73). Es ist $\frac{v^2}{2g} = H - h_2$ und somit wird $v = \sqrt{H - h_2} \cdot \sqrt{2g}$.

In der Höhe x über der Sohle kommt zu der Geschwindigkeitshöhe $H - h_2$ noch der dort vorhandene Zusatzdruck z' hinzu, so daß dort

$$v = \sqrt{H - h_2 + z'}\, \sqrt{2g}$$

ist.

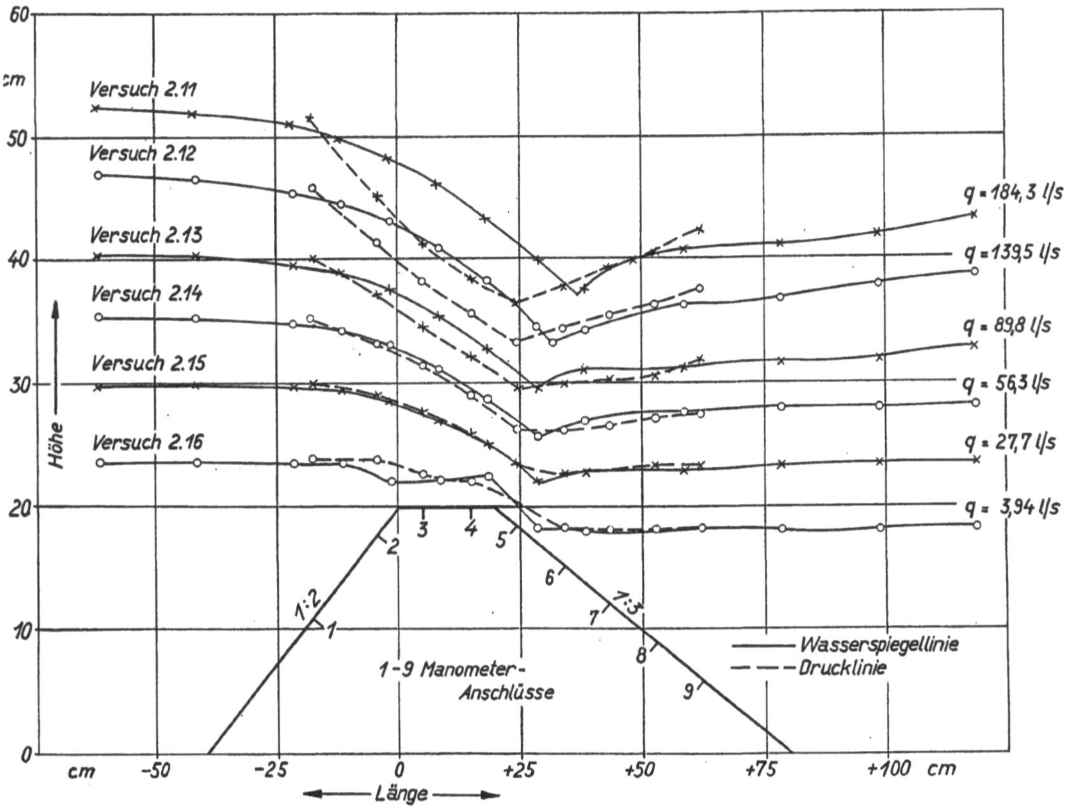

Abb. 72. Verlauf der Wasserspiegel- und Drucklinie an einer Sohlschwelle

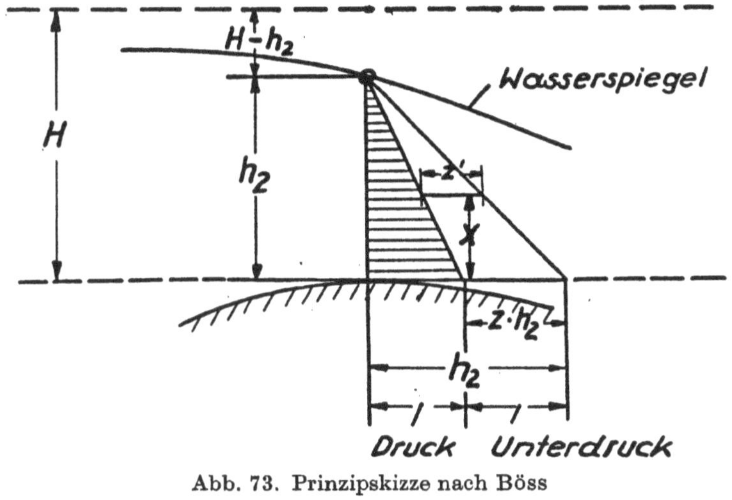

Abb. 73. Prinzipskizze nach Böss

Tabelle 3. Ergebnisse der Grundschwellenuntersuchungen

Versuch Nr.	h	q_v	h_1	$h_1 + w$	f_1	$v_1 = \frac{q_1}{f_1}$	$H = h_1 + \frac{v_1^2}{2g}$	$H^{3/2}$	α	h_{2gr}
	m	m³/s	m	m	m²	m/s	m	m$^{3/2}$		m
2.11	0,3035	0,2260	0,326	0,526	0,316	0,716	0,352	0,2080	1,060	0,243
2,12	0,2525	0,1660	0,271	0,471	0,283	0,586	0,288	0,1550	1,045	0,198
2.13	0,1880	0,1030	0,208	0,408	0,245	0,419	0,217	0,1010	0,993	0,144
2.14	0,1380	0,0620	0,155	0,355	0,213	0,292	0,159	0,0640	0,955	0,103
2.15	0,0860	0,0290	0,100	0,300	0,180	0,164	0,101	0,0320	0,896	0,063
2.16	0,0230	0,0040	0,037	0,237	0,142	0,028	0,037	0,0071	0,548	0,016
2.41	0,0800	0,0270	0,097	0,297	0,178	0,154	0,098	0,0308	0,873	0,0598
2.42	0,1050	0,0430	0,125	0,325	0,195	0,218	0,127	0,0455	0,913	0,080
2.43	0,1340	0,0630	0,159	0,359	0,215	0,291	0,163	0,0657	0,933	0,1040
2.44	0,1810	0,1030	0,204	0,404	0,242	0,424	0,213	0,0984	1,021	0,1440
2.45	0,2230	0,1470	0,249	0,449	0,269	0,545	0,264	0,1360	1,057	0,1830
2.46	0,2510	0,1800	0,284	0,484	0,290	0,619	0,303	0,1670	1,051	0,2090

Tabelle 4. Auswertung der Grundschwellenversuche nach Böss und Rehbock

Versuch Nr.	Nr. der Meßstelle	H	$H^{3/2}$	h_2	h_d Druckhöhe	$z \cdot h_2$	z	$\frac{1}{\sqrt{z^2 - 3z + 3}}$	q_B nach Böss	q_v nach Rehbock	$\frac{q_B}{q_v}$
		m	m$^{3/2}$	m	m	m			m³/s	m³/s	
2.11	3	0,352	0,208	0,269	0,2109	0,0581	0,216	0,646	0,238	0,226	1,056
2.12	3	0,288	0,155	0,2165	0,1819	0,0346	0,1598	0,627	0,172	0,166	1,033
2.13	3	0,217	0,101	0,162	0,1463	0,0157	0,0969	0,607	0,109	0,103	1,060
2.14	3	0,159	0,064	0,118	0,1139	0,0041	0,0348	0,588	0,0662	0,062	1,064
2.15	3	0,101	0,032	0,074	über	—	—	—	—	0,029	—
2.16	3	0,037	0,0071	0,021	über	—	—	—	—	0,004	—
2.11	4	0,352	0,208	0,242	0,1839	0,0581	0,240	0,655	0,242	0,226	1,072
2.12	4	0,288	0,155	0,191	0,1564	0,0346	0,181	0,634	0,174	0,166	1,050
2.13	4	0,217	0,101	0,137	0,1208	0,0162	0,1182	0,614	0,109	0,103	1,063
2.14	4	0,159	0,064	0,096	0,0904	0,0056	0,0583	0,594	0,0669	0,062	1,075
2.15	4	0,101	0,032	0,056	über	—	—	—	—	0,029	—
2.16	4	0,037	0,0071	0,024	0,0231	0,0009	0,0375	0,589	0,0074	0,004	1,854
2.41	3	0,098	0,0308	0,075	0,0735	0,0015	0,020	0,583	0,0381	0,027	1,157
2.42	3	0,127	0,0455	0,097	0,0955	0,0015	0,0155	0,582	0,0469	0,043	1,103
2.43	3	0,163	0,0657	0,123	0,1155	0,0075	0,061	0,595	0,0693	0,063	1,105
2.44	3	0,213	0,0984	0,162	0,1445	0,0175	0,108	0,610	0,1062	0,103	1,035
2.45	3	0,264	0,136	0,198	0,1680	0,0300	0,1516	0,624	0,1500	0,147	1,022
2.46	3	0,303	0,167	0,229	0,1815	0,0475	0,207	0,642	0,1900	0,180	1,058
2.41	4	0,098	0,0308	0,058	0,0555	0,0025	0,0431	0,591	0,0322	0,027	1,170
2.42	4	0,127	0,0455	0,077	0,074	0,0030	0,0389	0,589	0,0475	0,043	1,118
2.43	4	0,163	0,0657	0,099	0,091	0,0080	0,0808	0,602	0,070	0,063	1,117
2.44	4	0,213	0,0984	0,138	0,1155	0,0225	0,163	0,628	0,1093	0,103	1,064
2.45	4	0,264	0,136	0,172	0,136	0,0360	0,209	0,644	0,1548	0,147	1,055
2.46	4	0,303	0,167	0,200	0,148	0,0520	0,260	0,661	0,1956	0,180	1,088

Da $\frac{z'}{z\,h_2} = \frac{h_2 - x}{h_2}$ ist, wird $z' = h_2 z - z x$ und es ergibt sich

$$dq = b \sqrt{2g} \sqrt{H - h_2 (1 - z) - z x}\,,$$

$$q = \Sigma\, dq = b \sqrt{2g} \int_0^{h_2} \sqrt{H - h_2 (1 - z) - z x}\, dx\,,$$

$$q = \sqrt{2g}\, \frac{2}{3z}\, b \left[[H - h_2 (1 - z)]^{3/2} - [H - h_2]^{3/2} \right].$$

Wird diese allgemeine Form der Abflußgleichung nach h_2 differenziert, und, um den Maximalwert zu berechnen, gleich Null gesetzt, so ergibt sich

$$h_2 = \frac{2 - z}{z^2 - 3z + 3}\, H\,.$$

Unter Verwendung dieser Gleichung ist dann

$$q_{max} = \frac{2}{3} \sqrt{2g}\, H^{3/2}\, b\, \frac{1}{\sqrt{z^2 - 3z + 3}}\,.$$

Werden die Abflüsse mittels dieser Gleichung berechnet, so ergeben sich für die einzelnen Versuche die in der Tab. 4 zusammengestellten Werte. Aus diesen Ergebnissen ist zu ersehen, daß bei größeren Überströmungshöhen die nach Böss und Rehbock berechneten Abflüsse nur wenig voneinander abweichen. Bei kleineren Überströmungshöhen machen sich bei der Methode nach Böss schon kleine Ablesefehler sehr bemerkbar, da die Differenz $h_2 - h_d$ gebildet werden muß. Die Versuche haben die Brauchbarkeit des Verfahrens von Böss gezeigt, allerdings dürfte es nicht einfach sein, allgemein für alle Wehrformen die jeder Überströmungshöhe entsprechende Größe z festzulegen.

E. Modellversuche in der Versuchsanstalt Karlshorst

1. Der Venturikanal K I mit rechteckigem Profil
Bestimmung des Abflußbeiwertes und der Druckverteilung an der Schwelle

In Anlehnung an die bisher in der Versuchsanstalt Potsdam eingehend durchgeführten Großmodellversuche mit 2 verschiedenen Venturikanälen, wurden in der Versuchsanstalt Karlshorst weitere Untersuchungen mit dem Ziel durchgeführt, neben der Bestimmung des Abflußbeiwertes auch die Druckverteilung an der Schwelle bei verschiedenen Abflüssen zu messen. Es stand eine 50 m lange, 2 m breite und 1,2 m tiefe, rechteckige Versuchsrinne aus Beton zur Verfügung, die an ihrem Ende mit einer 20 m langen Rücklaufrinne gleicher Abmessung durch einen gekrümmten Kanal verbunden war. Am Ende dieser 20 m langen Rinne befand sich das scharfkantige, horizontale Eichblech zur Messung der Überströmungshöhe, s. Abb. 74, die zur Berechnung des Abflusses nach der Rehbockschen Formel verwendet wurde. Der Venturikanal wurde etwa 35 m vom Einlauf entfernt in die 50 m lange Rinne eingebaut. Wie aus der Abb. 75 zu ersehen ist, wurde der Schwelle gegenüber den bisherigen Versuchen eine andere Form gegeben. Im abfallenden Teil erhielt die 2,5 m lange Schwelle eine flache Neigung. Die Breite b_2 des engsten Querschnittes wurde mehrmals geändert. Zunächst wurde in dem 2 m breiten Kanal eine Einschnürung mit einer Breite $b_2 = 0{,}97$ m untersucht; anschließend wurden die Breiten $b_2 = 0{,}6$ m und $b_2 = 0{,}4$ m eingebaut. Die aus Zement geformte und geglättete Schwelle erhielt in der Mitte mehrere Anbohrungen, so daß hierdurch der Druckverlauf längs der Schwelle gemessen werden konnte. Die Regelung des Unterwassers erfolgte durch eine bewegliche Klappe am Ende der 50 m langen Rinne. Hierdurch war es möglich, die Grenztiefe des Unterwassers, bei der ein Einfluß des Unterwassers auf das Oberwasser eintritt, genau einzustellen und zu messen. Hinter der Klappe konnte sich das Wasser in der 20 m langen Zulaufstrecke zum Meßüberfall beruhigen, so daß eine ruhige Überströmung des Eichbleches gewährleistet war. Durch die 35 m lange Zuströmung zum Venturimesser wurde ebenfalls eine weitgehende Beruhigung des zuströmenden Wassers und eine gleichmäßige Geschwindigkeitsverteilung erzielt. Außersem wurden für diesen Zweck noch eine Tauchwand und mehrere Rechen kurz hinter dem Einlauf eingebaut. Zur Bestimmung der Oberwasser- und Unterwasserstände sowie der Überströmungshöhe am Eichblech wurden 3 Pegel mit direkter Registrierung gemäß Abb. 76 verwendet. Zur Kontrolle erfolgten an den gleichen Meßstellen Kontrollmessungen mit Spitzentastern, die mit einer Noniusablesung versehen waren und eine Ablesungsgenauigkeit von 1/10 mm ermöglichten. Der mechanische Pegel mit direkter Registrierung stand seitlich von der Versuchrinne über einem Pegelschacht, der mit einer ½″-Rohrleitung mit der Versuchsrinne verbunden war. Der Schwimmer des Pegels stellte sich in die jeweiligen Wasserstände ein, und eine Schreibfeder an der Schwimmerstange zeichnete die Schwimmerstellungen auf eine mit Papier bespannte Trommel von 20 cm Durchmesser auf. Für die Messung der Geschwindigkeitsverteilung in der Zulaufstrecke

Abb. 74. Scharfkantiger Überfall mit Meßbrücke und Meßnadel

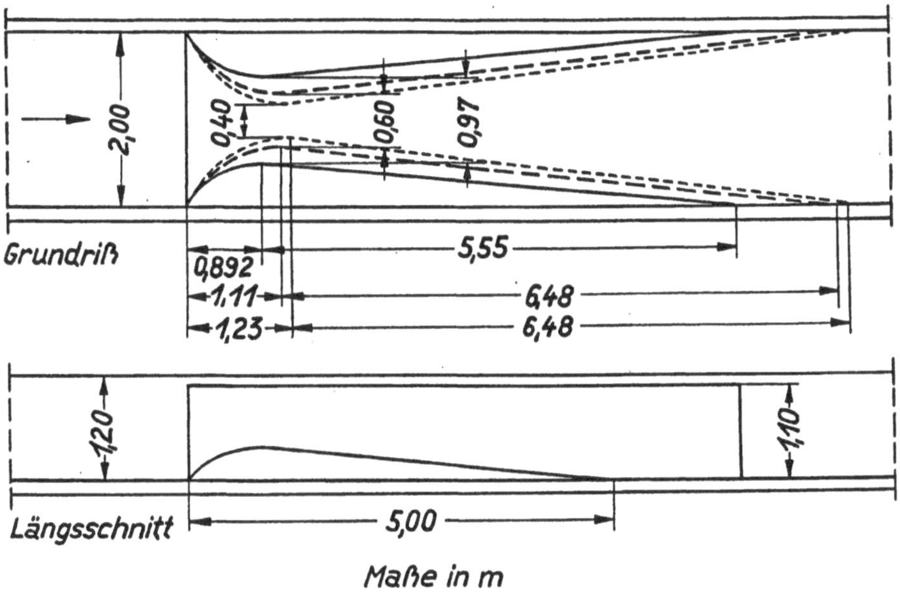

Abb. 75. Venturikanal K I

Abb. 76. Schreibpegel zur Messung der Wasserstände

und im engsten Querschnitt wurden Staurohre und Mikroflügel verwendet. Die Meßergebnisse sind in den Tab. 5—7 zusammengestellt. Bei allen drei Einschnürungen $b_2 = 0{,}97$; $0{,}6$; $0{,}4$ m liegt der Abflußbeiwert α bei kleinen Übrströmungshöhen bei 1 und steigt dann allmählich auf Werte über 1 bis etwa 1,05 bis 1,06. Sämtliche Abflußbeiwerte wurden in der Abb. 77 graphisch dargestellt und zur Energiehöhe H in Beziehung gesetzt. Diese graphische Darstellung läßt besonders gut das allmähliche Ansteigen des Abflußbeiwertes α erkennen. Somit stimmt dieses Ergebnis mit den früheren Ergebnissen der Venturikanäle P I und P V gut überein. Der in den Abb. 78a—b dargestellte Druckverlauf für die im engsten Querschnitt 0,97 und 0,6 m breiten Venturikanäle zeigt mit zunehmenden Wasserständen eine Zunahme des Unterdrucks an der Schwelle. Wie bereits im Kapitel D 4 eingehend behandelt, ist dieser Unterdruck nach Böss bei gekrümmten Schwellen stets vorhanden, und es stellen sich bei Anwendung der normalen Abflußformel Abflußbeiwerte ein,

Tabelle 5. Zusammenstellung der Abflußbeiwerte für Venturikanal K I

1	2	3	4	5	6	7	8	9
Nr.	Überfallhöhe am Eichblech	q	Ober-wasser h_1	$f_1 = (h_1 + w) \cdot b_1$	$\frac{v_1^2}{2g}$	$H = h_1 + \frac{v_1^2}{2g}$	$\sqrt{H}$	α
	m	m^3s^{-1}	m	m^2	m	m	$m^{1/2}$	
1	0,0732	0,0745	0,1303	1,0806	0,000242	0,1305	0,361	0,958
2	0,1150	0,1480	0,2022	1,2244	0,000722	0,2029	0,450	0,978
3	0,1446	0,2095	0,2498	1,3196	0,001290	0,2511	0,501	1,003
4	0,1696	0,2685	0,2968	1,4136	0,001850	0,2987	0,546	0,995
5	0,1930	0,3285	0,3342	1,4884	0,002490	0,3367	0,580	1,015
6	0,2138	0,3860	0,3713	1,5626	0,003120	0,3744	0,611	1,018
7	0,2302	0,4345	0,4026	1,6252	0,003660	0,4063	0,637	1,014
8	0,2490	0,4920	0,4334	1,6868	0,004360	0,4378	0,661	1,025
9	0,2596	0,5240	0,4523	1,7246	0,004720	0,4570	0,675	1,026
10	0,2703	0,5610	0,4757	1,7714	0,005130	0,4808	0,693	1,020
11	0,2836	0,6060	0,4945	1,8108	0,005680	0,5002	0,707	1,035
12	0,3005	0,6640	0,5217	1,8634	0,006500	0,5282	0,726	1,045

$$\alpha = \frac{q}{1{,}656\, H \sqrt{H}}$$

Eichblech: $b = 2{,}0$ m $w = 0{,}325$ m

Venturikanal: $b_1 = 2{,}0$ m $b_2 = 0{,}970$ m $w = 0{,}410$ m

Tabelle 6. Zusammenstellung der Abflußbeiwerte für Venturikanal K I

1	2	3	4	5	6	7	8	9
Nr.	Überfall-höhe am Eichblech	q	Ober-wasser h_1	$f_1 = (h_1 + w) \cdot b_1$	$\frac{v_1^2}{2g}$	$H = h_1 + \frac{v_1^2}{2g}$	$\sqrt{H}$	α
	m	m^3s^{-1}	m	m^2	m	m	$m^{1/2}$	
1	0,0254	0,0156	0,06090	0,9450	0,0000373	0,0613103	0,248	1,005
2	0,0781	0,0825	0,18700	1,1980	0,0002410	0,187241	0,433	0,994
3	0,1019	0,1230	0,23870	1,3010	0,0004550	0,239155	0,489	1,029
4	0,1245	0,1670	0,29690	1,4170	0,0007090	0,297609	0.546	1,005
5	0,1872	0,3139	0,43565	1,6950	0,0017400	0,437390	0,662	1,060
6	0,2092	0,3724	0,48755	1,7980	0,0021800	0,489730	0,700	1,062
7	0,2130	0,3850	0,49940	1,8230	0,0022700	0,501670	0,708	1,062
8	0,2257	0,4200	0,52756	1,8790	0,0025500	0,530110	0,729	1,062
9	0,2373	0,4549	0,55485	1,9320	0,0028200	0,557670	0,746	1,067

$$\alpha = \frac{q}{1{,}023 \cdot H\sqrt{H}}$$

Eichblech: $b = 2{,}00$ m $w = 0{,}325$ m

Venturikanal: $b_1 = 2{,}00$ m $b_2 = 0{,}600$ m $w = 0{,}412$ m

Tabelle 7. Zusammenstellung der Abflußbeiwerte für Venturikanal K I

1	2	3	4	5	6	7	8	9
Nr.	Überfall-höhe am Eichblech	q	Ober-wasser h_1	$f_1 = (h_1 + w) \cdot b_1$	$\frac{v_1^2}{2g}$	$H = h_1 + \frac{v_1^2}{2g}$	$\sqrt{H}$	α
	m	m^3s^{-1}	m	m^2	m	m	$m^{1/2}$	
1	0,0487	0,0403	0,1567	1,132	0,0000643	0,1567643	0,3961	0,954
2	0,0590	0,0538	0,1845	1,187	0,0001050	0,1846050	0,4300	0,995
3	0,0855	0,0942	0,2657	1,346	0,0002499	0,2659449	0,5160	1,008
4	0,1083	0,1355	0,3317	1,481	0,0004260	0,3321260	0,5760	1,040
5	0,1232	0,1640	0,3778	1,572	0,0005540	0,3783540	0,6150	1,033
6	0,1437	0,2077	0,4310	1,680	0,0007780	0,4317780	0,6590	1,071
7	0,1633	0,2536	0,4947	1,808	0,001000	0,4957000	0,7050	1,065
8	0,1833	0,3025	0,5513	1,920	0,001270	0,5525700	0,7450	1,079
9	0,1986	0,3440	0,6035	2,025	0,0014700	0,6049700	0,7780	1,073

$$\alpha = \frac{q}{0{,}6822 \cdot H\sqrt{H}}$$

Eichblech: $b = 2{,}00$ m $w = 0{,}325$ m

Venturikanal: $b_1 = 2{,}00$ m $b_2 = 0{,}40$ m $w = 0{,}409$ m

die mit zunehmender Überströmungshöhe größer als 1 werden. Aus diesen Messungen geht weiter hervor, daß die Breite des engsten Querschnittes keinen wesentlichen Einfluß auf den Abflußvorgang hat. Von größerem Einfluß dagegen scheinen die Überströmungshöhe, die Form der Schwelle und der Einschnürung zu sein. Zum Schluß wurde daher die Schwelle im engsten Querschnitt entfernt, um ihren Einfluß zu studieren, und es zeigte sich, daß der Abflußbeiwert α auch bei größeren Überströmungshöhen bis 80 cm nicht größer als 1 wurde. Diese Abflußbeiwerte wurden ebenfalls zur Energiehöhe in Beziehung gesetzt und in der Abb. 77 dargestellt. Infolge des Unterdrucks an einer gekrümmten Schwelle treten somit bei größeren Überströmungshöhen Abflußbeiwerte über 1 auf. Die Abb. 79 und 80 zeigen die Gesamtansicht der Modellstrecke mit und ohne Wasser. Auf Abb. 80 ist be-

Tabelle 8. Grenztiefe $h_{1\,gr}$ für drei verschiedene Einschnürungen b_2

b_2	$h_{1\,gr} + w$	$h_3 + w$	$h_{1\,gr}$	h_3	$\Delta h = h_{1\,gr} - h_3$	$\frac{\Delta h}{h_{1\,gr}}$
cm	cm	cm	cm	cm	cm	
0,97	60,2	52,8	19,0	11,6	7,4	0,39
0,97	67,8	57,0	26,6	15,8	10,8	0,405
0,97	75,3	58,3	34,1	17,1	17,0	0,5
0,97	81,1	61,5	39,9	20,3	19,6	0,49
0,60	58,1	53,2	16,9	12,0	4,9	0,29
0,60	66,3	56,7	25,1	15,5	9,6	0,38
0,60	74,0	60,8	32,8	19,6	13,2	0,4
0,60	83,5	66,5	42,8	25,3	17,5	0,41
0,40	56,3	53,9	15,1	12,7	2,4	0,159
0,40	73,5	64,7	32,3	23,5	8,8	0,272
0,40	86,4	74,0	45,2	32,8	12,4	0,274
0,40	101,7	82,2	60,5	41,0	19,5	0,323

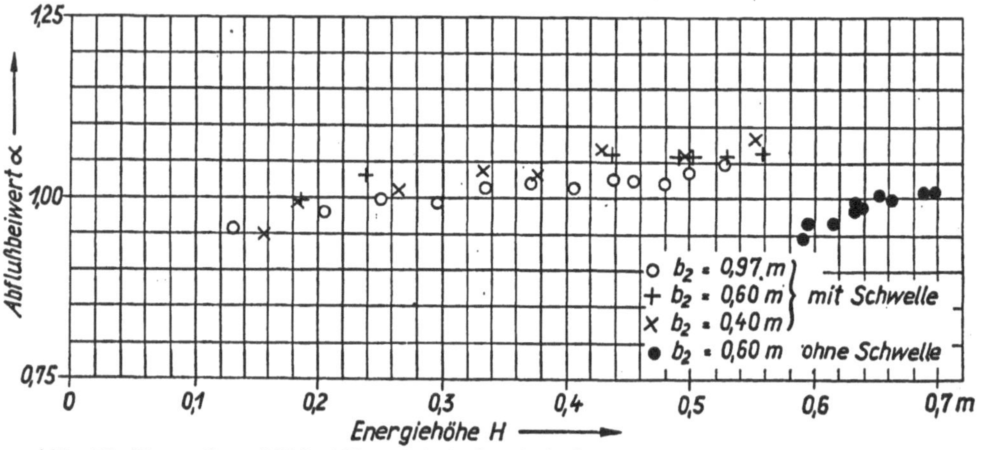

Abb. 77. Venturikanal K I, Abhängigkeit des Abflußbeiwertes α von der Energiehöhe H

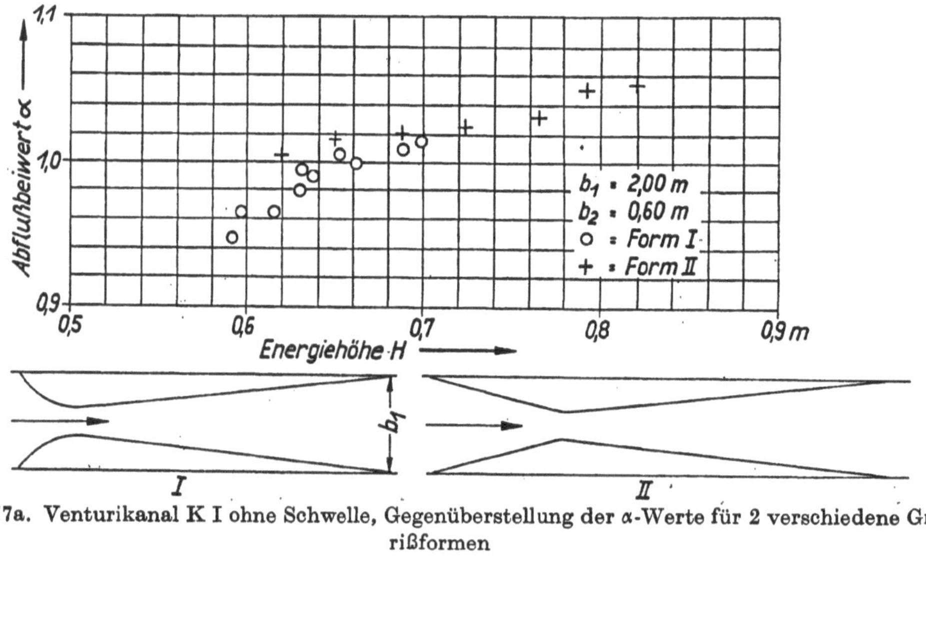

Abb. 77a. Venturikanal K I ohne Schwelle, Gegenüberstellung der α-Werte für 2 verschiedene Grundrißformen

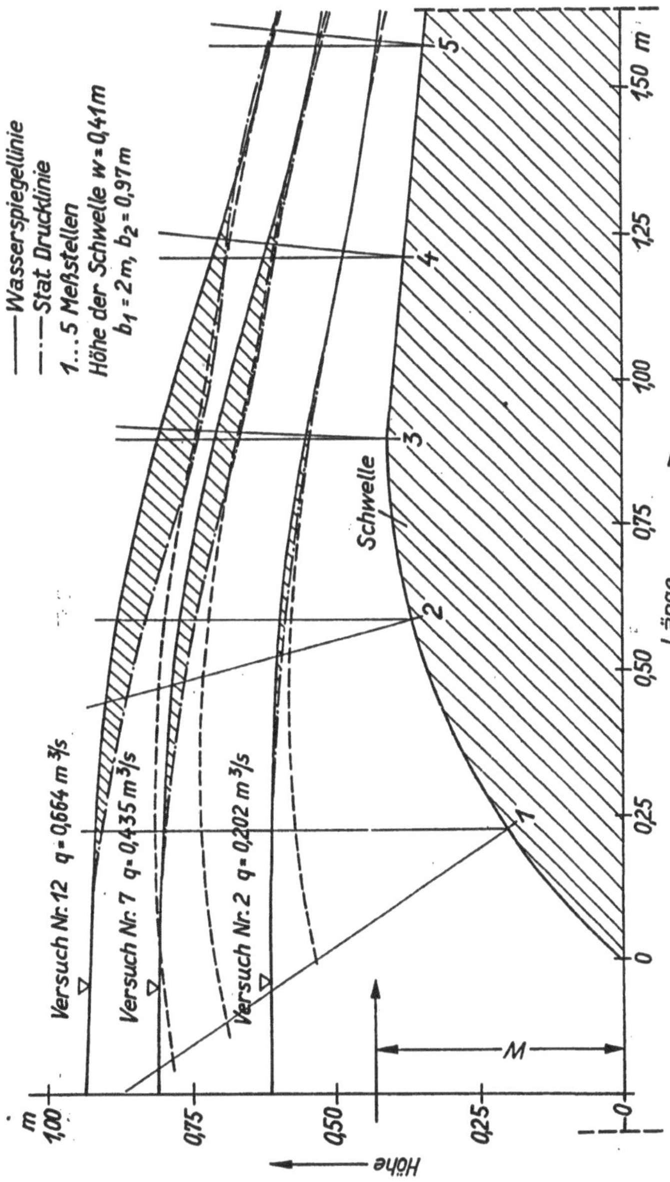

Abb. 78a. Wasserspiegel- und Druckverlauf über der Schwelle des Venturikanals K I

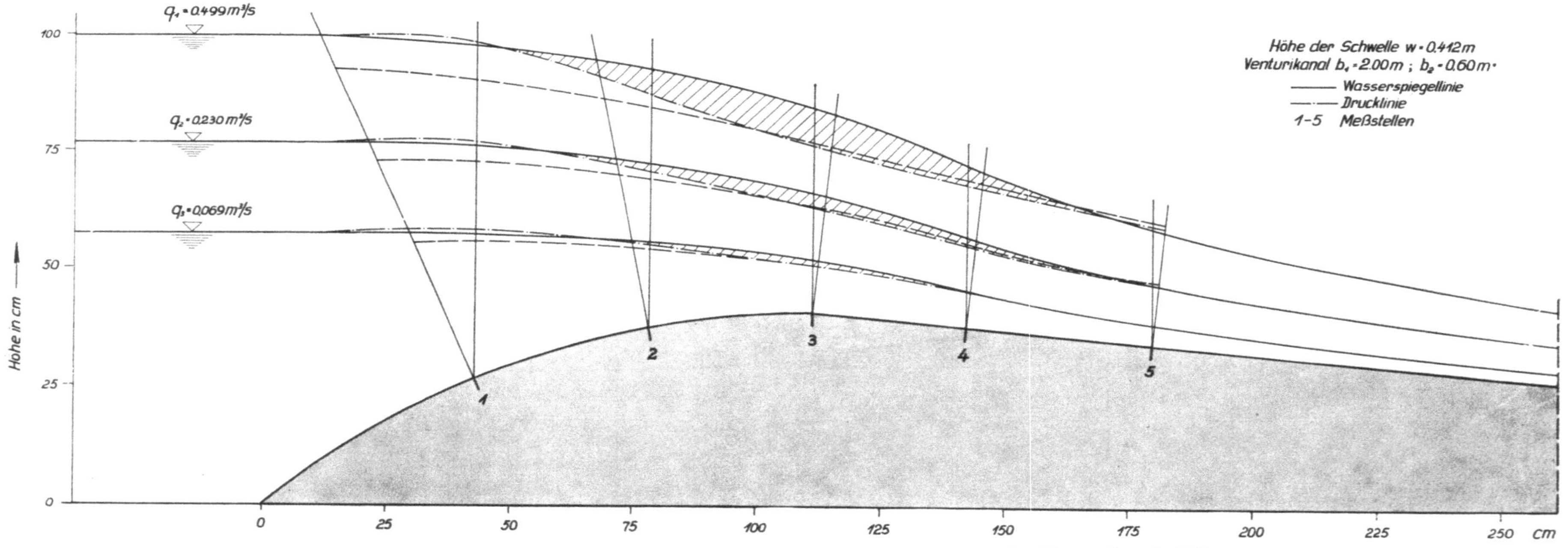

Abb. 78b. Verlauf der Wasserspiegel- und Drucklinie über der Schwelle des Venturikanals K I

Abb. 79. Gesamtansicht des 60 m langen Versuchskanals vom Einlauf gesehen mit Venturi K I

Abb. 80. Versuchskanal während des Versuches. Gute Wirkung der eingebauten Beruhigungseinrichtungen

Abb. 81. Venturikanal vom Oberwasser gesehen während des Versuches

Abb. 82. Venturikanal vom Einlauf gesehen

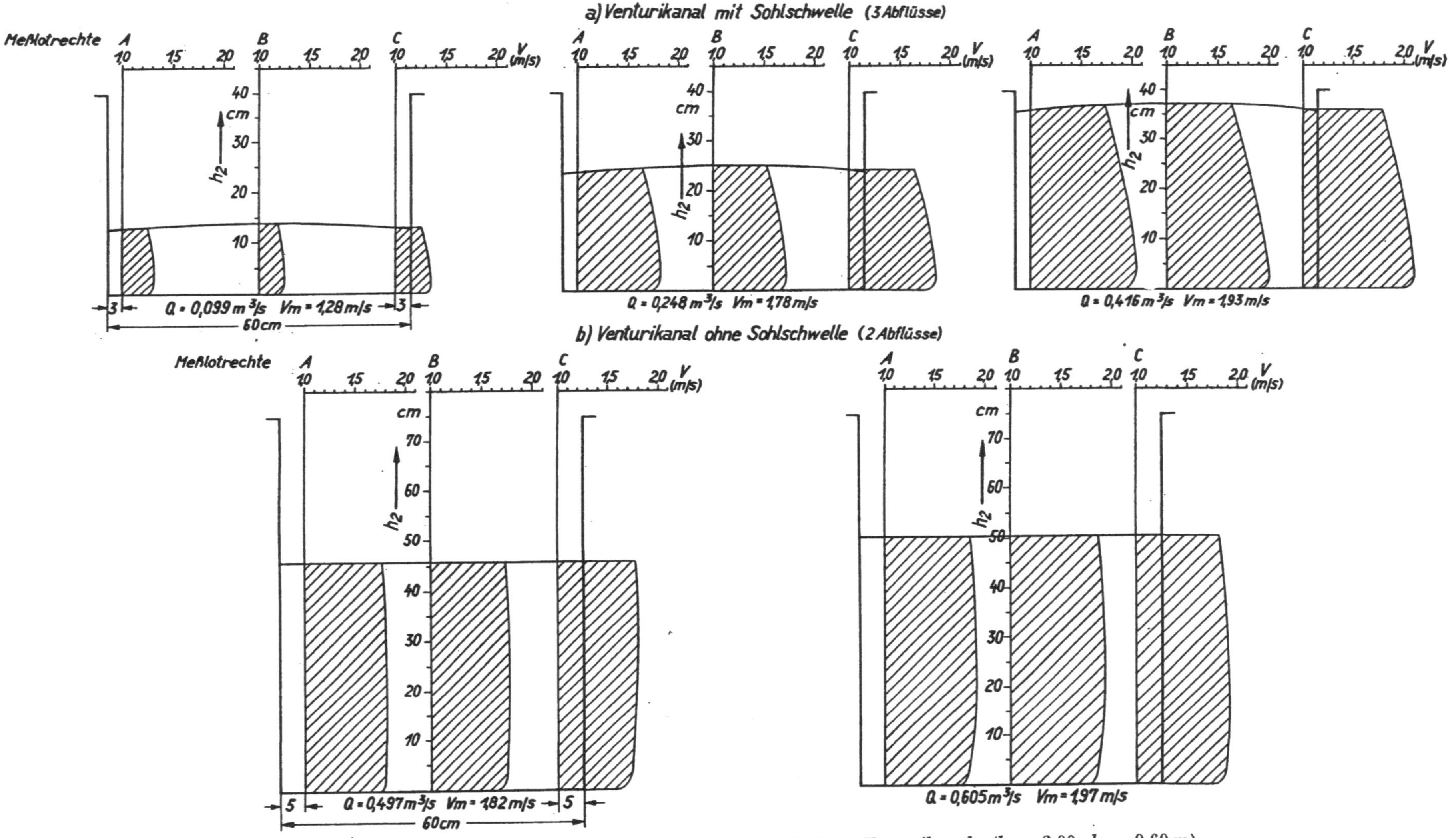

Abb. 83. Geschwindigkeitsverteilung im engsten Querschnitt eines Venturikanals ($b_1 = 2{,}00$; $b_2 = 0{,}60$ m)

sonders gut die Wirkung der verschiedenen eingebauten Beruhigungseinrichtungen zu erkennen. Aus den Abb. 81 und 82 sind alle Einzelheiten über den Aufbau und die Wirkungsweise der Kanaleinschnürung zu erkennen. Das Oberwasser fließt weitgehendst beruhigt in den engsten Querschnitt. Bei dem Versuch mit der 0,6 m breiten Einschnürung wurde die Geschwindigkeitsverteilung im Oberwasser und im engsten Querschnitt jeweils an drei Stellen des gleichen Profils vom Wasserspiegel bis zur Kanalsohle gemessen. Diese Ergebnisse sind in der Abb. 83 für drei verschiedene Wasserstände zusammengestellt. Während im Oberwasser eine normale Geschwindigkeitsverteilung vorhanden ist, tritt im engsten Querschnitt jedoch bei größeren Wasserständen eine andere Geschwindigkeitsverteilung ein. Im Bereich der Schwelle wurden erheblich höhere Geschwindigkeiten als im oberen Abschnitt gemessen. Somit steht die Zunahme der Geschwindigkeit im Bereich der Schwelle bei größeren Überströmungshöhen in direktem Zusammenhang mit dem gemesenen Unterdruck bzw. mit der Zunahme des Abflußbeiwertes. Diese Geschwindigkeitsveränderung im engsten Querschnitt trat bei der Ausführung ohne Schwelle nicht ein (s. Abb. 83). Bei allen Versuchen wurde die Grenztiefe $h_{3_{gr}}$ gemessen, bei der das Unterwasser den Oberwasserstand beeinflußt. Die in der Tab. 8 zusammengestellten Werte zeigen, ähnlich wie bei den Versuchen mit den Venturikanälen P I und P V, schlechtere Ergebnisse bei größeren Überströmungshöhen. Bei dem Venturikanal mit $b_2 = 0{,}60$ m ohne Schwelle ergab sich für große Werte von h_1 ein Verhältnis $\frac{h_3}{h_{1_{gr}}} = 0{,}787$. Gegenüber der Ausführung mit Schwelle (s. Tab. 8) liegt dieser Wert günstiger.

2. Versuche mit den Venturikanälen K II—K VIII, Einfluß der Form der Einschnürung

Um den Einfluß der Form der Einschnürung festzustellen, wurden in einer 10 m langen, sowie 40 cm breiten und hohen Glasrinne 6 verschiedene Modelle gemäß Abb. 84 untersucht. Zunächst wurde eine einfache Einschnürung eingebaut, die aus zwei seitlich angeordneten Blechen bestand. Der rechteckige, bis an die Sohle reichende Durchflußquerschnitt hatte eine Breite $b_2 = 19{,}3$ cm. Die Bestimmung der Abflußbeiwerte mittels der Formel

$$q_v = \frac{\alpha \cdot 2}{3\sqrt{3}} b_2 \sqrt{2\,g}\; H^{3/2}$$

ergab für kleine Überströmungshöhen h_1 niedrige Abflußbeiwerte, die allmählich zunahmen, von $h_1 = 25$ cm an konstant wurden und zwischen $\alpha = 0{,}98$ und 1 lagen. Abb. 85 zeigt für alle 7 Venturikanäle K II—K VIII die graphische Darstellung der Abflußbeiwerte in Abhängigkeit von der Überströmungshöhe. Bei der Ausführung K III wurde die Einschnürung aus 2 seitlichen Blechen beibehalten und an der Sohle ein Steg von 8,49 cm Höhe aus dem gleichen Blech vorgesehen. Es ergab sich, daß die Abflußbeiwerte höher liegen als bei K II und bei kleineren Überströmungshöhen größer als bei zunehmenden Überströmungshöhen sind. Der Mittelwert für α liegt bei 1,05. Die Ausführung K IV zeigt einen plötzlichen Übergang von $b_1 = 40$ cm auf $b_2 = 20$ cm mit einem anschließenden Diffusor. Wie aus der Abb. 85 zu ersehen ist, sind die Abflußbeiwerte nahezu konstant. Mit zunehmender Überströmungshöhe steigen sie etwas an und bewegen sich zwischen den Werten 0,95 und 1,05. Im Gegensatz zu den Ausführungen K II und K III ist hier die Grenztiefe h_3 bedeutend größer, so daß, wie aus der Tab. 9 zu ersehen ist, das Grenztiefenverhältnis $h = \frac{h_3}{h_1}$ bedeutend günstiger liegt. Der Venturi K V erhielt eine konische Einschnürung bis zum engsten Querschnitt, der Diffusor wurde nicht gewählt, sondern ein plötzlicher Übergang

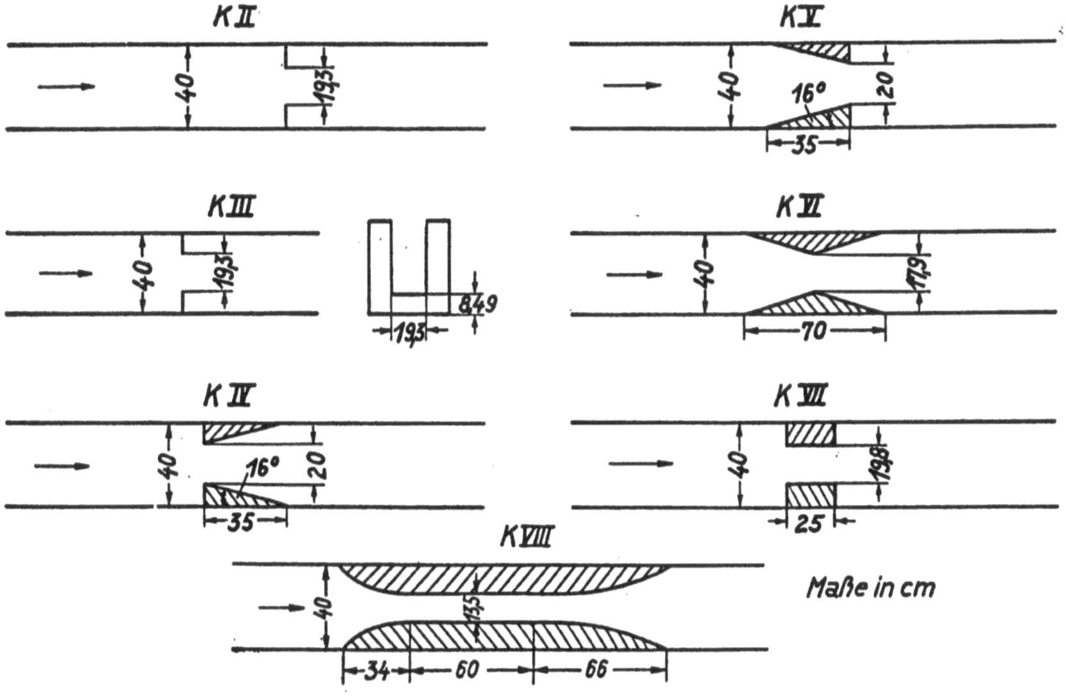

Abb. 84. Verschiedene Einschnürungen

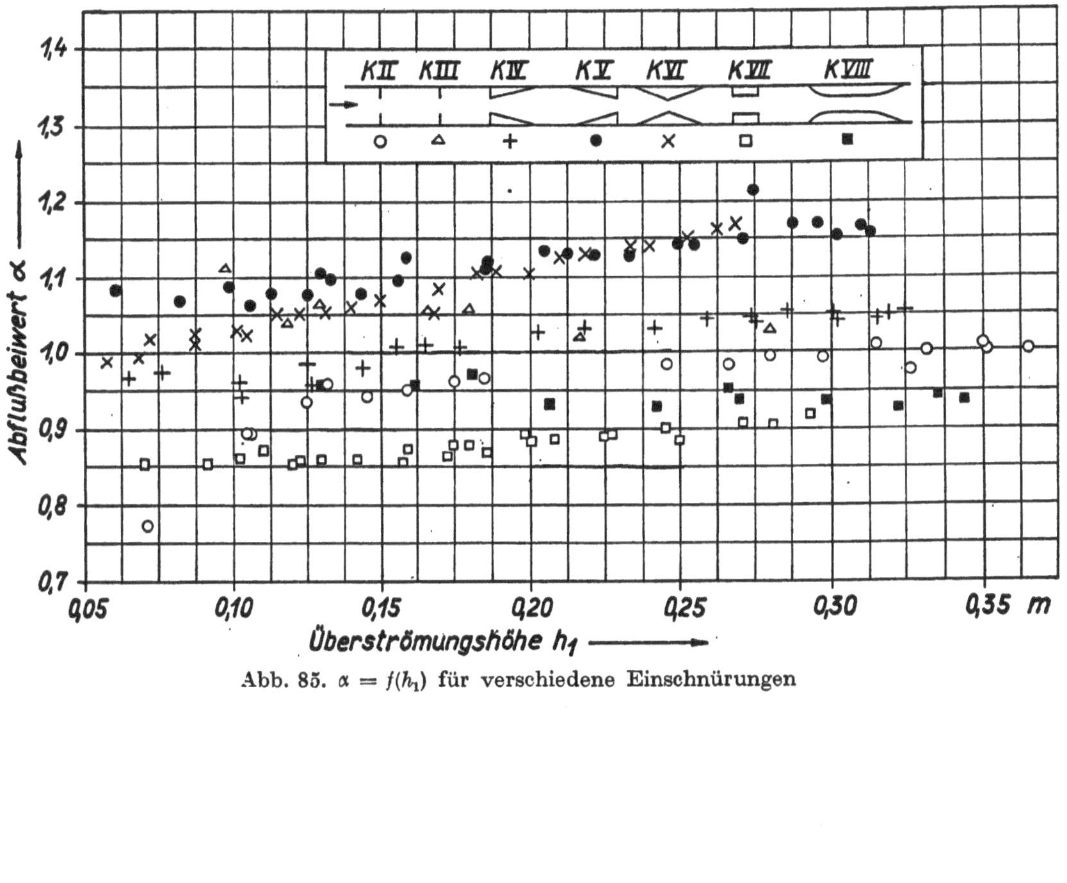

Abb. 85. $\alpha = f(h_1)$ für verschiedene Einschnürungen

von $b_2 = 20$ cm auf $b_3 = 40$ cm ausgeführt. Im Gegensatz zur vorhergehenden Ausführung K IV war ein besserer Abflußbeiwert zu verzeichnen, der bei $\alpha = 1{,}07$ bis $1{,}17$ lag. Die konische Einschnürung wirkte also hydraulisch günstig, und der Abflußbeiwert nahm mit zunehmender Überströmungshöhe etwas zu. Nahezu auf gleicher Höhe liegen die Abflußbeiwerte der Ausführung K VI, die sowohl eine konische Einschnürung als auch einen konischen Diffusor besitzt. Auch das Grenztiefenverhältnis liegt bei beiden Ausführungen etwa auf der gleichen Höhe bei $h = 0{,}75$ und $0{,}78$. Wie die Versuche in der Versuchsanstalt Potsdam (s. Abschnitt D) gezeigt haben, ergeben noch günstigere Diffusoren bedeutend bessere Grenztiefenverhältnisse bis $\bar{h} = \frac{h_3}{h_1} = 0{,}94$. Bei der Ausführung K VII wurde der engste Querschnitt $b_2 = 19{,}8$ cm auf einer Länge von 25 cm beibehalten. Die konische Einschnürung im Zulauf sowie der konische Diffusor wurden fortgelassen. Die Ausführung war hydraulisch ungünstig, was aus dem niedrigen Abflußbeiwert von $\alpha = 0{,}85$ bis $0{,}9$ zu ersehen ist. Auch das Grenztiefenverhältnis $h = \frac{h_3}{h_1}$ liegt bei $0{,}71$ und ist schlechter als das der Ausführungen K IV bis VII. Die Form der Einschnürung ist somit von großer Bedeutung für die Größe des Abflußbeiwertes. Zum Vergleich wurde stets die Abflußformel

$$q_v = \frac{\alpha \cdot 2}{3\sqrt{3}} b_2 \sqrt{2\,g}\, H^{3/2}$$

gewählt.

Es wird auf die Abb. 6 und 7 verwiesen. Der Venturikanal mit einer längeren Einschnürung ergab gegenüber einer kürzeren Einschnürung schlechtere Abflußbeiwerte.

Das gleiche Ergebnis wurde mit dem Modell K VIII erzielt, das eine in der Praxis übliche Form zeigt (s. Abb. 84 u. 85). Die Abflußbeiwerte bewegten sich in dem Bereich 0,93—0,97.

Die nachstehende Tab. 9 zeigt das für jeden Venturikanal eingehend bestimmte Grenztiefenverhältnis.

Tabelle 9. Grenztiefenverhältnis für Venturikanal K II bis K VII

Venturikanal	$h = \frac{h_3}{h_1}$
K II	0,55
K III	0,52
K IV	0,745
K V	0,78
K VI	0,75
K VII	0,71

Die untersuchten Modelle K II bis K VII sind in den Abb. 86—91 dargestellt.

Der bereits eingehend untersuchte Venturikanal K I ohne Schwelle wurde am Einlauf mit einer konischen Einschnürung versehen, und erhielt dadurch eine dem auf Abb. 90 dargestellten Venturikanal K VI ähnliche Form. Mit dieser Ausführung wurden Vergleichsversuche durchgeführt, um den Einfluß der konischen Einschnürung festzustellen. Wie aus der Abb. 85 zu ersehen ist, sind die Abflußbeiwerte des Modells K VI besser als die der Ausführung K IV. Demnach ist anzunehmen, daß auch bei den Messungen mit dem Modell K I durch den Einbau des konischen Einlaufs günstigere Abflußbeiwerte als vorher auftreten werden.

Der Übergang bei dem Modell K I ohne konischen Einlauf vom Zulaufquerschnitt zum engsten Querschnitt ist jedoch nicht so plötzlich wie bei dem Modell K IV. Somit wird der

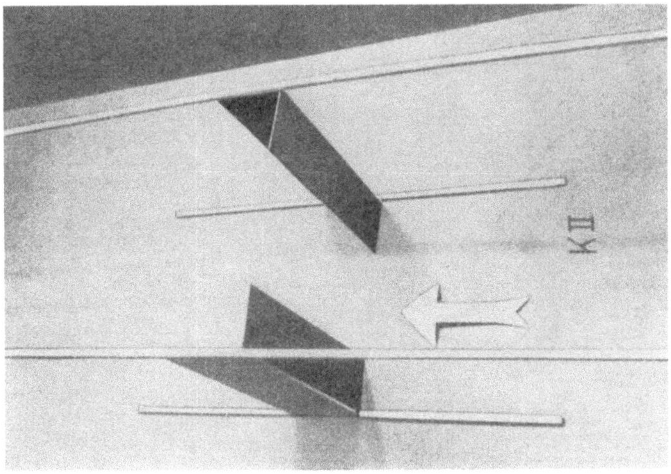

Abb. 86. Einschnürung des Modells K II

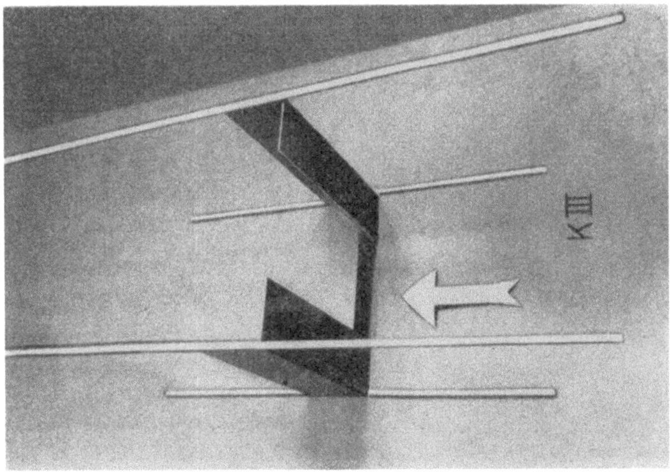

Abb. 87. Einschnürung des Modells K III

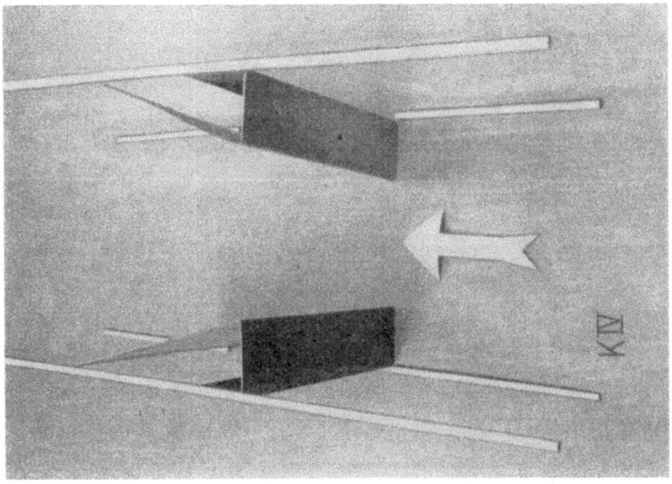

Abb. 88. Einschnürung des Modells K IV

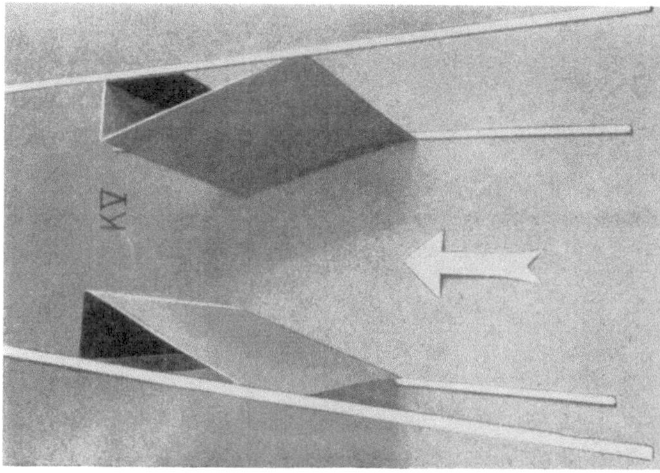

Abb. 89. Einschnürung des Modells K V

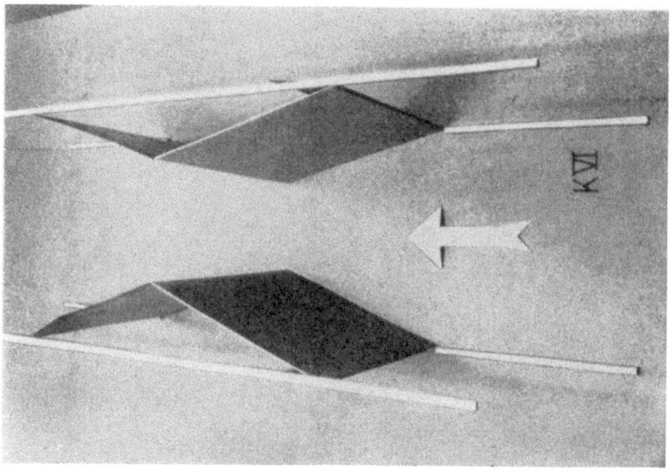

Abb. 90. Einschnürung des Modells K VI

Abb. 91. Einschnürung des Modells K VII

Unterschied der Abflußbeiwerte der beiden verschiedenen Ausführungen des Modells K I nicht so groß wie zwischen den Modellen K IV und K VI sein. Abb. 77a zeigt eine Gegenüberstellung der Abflußbeiwerte für beide Grundrißformen und es ist hieraus zu ersehen, daß die konische Einschnürung etwas bessere Werte liefert. Bei größeren Energiehöhen ist ein stärkerer Unterschied festzustellen. Diese Erscheinung trat auch bei den beiden Ausführungen K IV und K VI auf.

Es ist jedoch nicht richtig, z. B. den Abflußbeiwert α der Ausführung K VI für $h_1 = 0{,}35$ m mit dem Abflußbeiwert α der Ausführung K I für die gleiche Oberwassertiefe $h_1 = 0{,}35$ m zu vergleichen. Hier muß das Maßstabverhältnis berücksichtigt werden, denn bei einem Vergleich müssen, wie im Kapitel L gezeigt, die geometrische Ähnlichkeit und die dynamische Ähnlichkeit vorhanden sein. Unter Berücksichtigung des Maßstabsverhältnisses besteht daher zwischen den auf den Abb. 77a und 85 dargestellten Abflußbeiwerten für die Modelle K I und K VI eine befriedigende Übereinstimmung.

3. Der Einfluß einer kurzen Zuflußstrecke bis zum Modell

Wird z. B. das Wasser aus einer geschlossenen Druckleitung einem offenen Kanal zugeführt, und wird dahinter in verhältnismäßig kurzer Entfernung ein Venturikanal eingebaut, so kann es zu einer ungleichmäßigen Durchströmung der Zulaufstrecke kommen, wenn nicht vorher für eine genügende Beruhigung gesorgt wird. In der Praxis wird es in vielen Fällen nicht möglich sein, derartige Beruhigungen einzubauen, wenn das Wasser z. B. durch Beimengungen verschmutzt ist. Der Venturikanal hat ja vor anderen Abflußmessern den Vorteil der offenen Bauweise und ist daher gerade für die Abflußmessung von verschmutztem oder verunreinigtem Wasser geeignet. Andererseits würde ein langer Zulaufkanal sehr unwirtschaftlich sein, so daß sich evtl. die Forderung ergibt, einen Venturikanal mit kurzer Anlaufstrecke hinter einer Druckleitung einzubauen. In diesem Fall müßte auf Grund der bisherigen Untersuchungen jeweils ein besonderer Modellversuch durchgeführt werden, um den richtigen Abflußbeiwert zu ermitteln. In die 2 m breite Versuchsrinne wurde z. B. in verhältnismäßig kurzer Entfernung von der Druckleitung ein Venturikanal K IX in der gleichen Ausführung wie K I mit einem engsten Querschnitt $b_2 = 0{,}60$ m eingebaut. Der Zulauf wurde 1 m breit ausgeführt. Die Wände des 1 m breiten Zulaufes wurden aus glatt gehobeltem Holz hergestellt, während der Venturimesser gemauert und innen glatt verputzt wurde. Die Abb. 92 zeigt einen Teilausschnitt dieser Versuchsanlage. Die Schwelle wurde in der gleichen Ausführung wie beim Venturi K I

Abb. 92. Gesamtansicht des Venturikanals K IX bei einem Zufluß von 200 l/s

hergestellt. Im Unterwasser wurden ebenfalls eine Regulierklappe und ein Meßüberfall angeordnet. Die Untersuchungen ergaben, daß das Wasser nicht gleichmäßig zum Venturikanal floß und durch die Druckleitung eine Zulaufgeschwindigkeit besaß, die größer als die Abflußgeschwindigkeit war, die sich in einem langen Zulaufkanal normalerweise einstellen würde. Der Abflußbeiwert lag daher höher als bei den früheren Meßreihen, und es ergaben sich bei größeren Überströmungshöhen Abflußbeiwerte, die zwischen 1,1 und 1,2 lagen. Diese Werte veränderten sich auch nicht wesentlich, als die Form der Schwelle geändert und der Zulaufquerschnitt von 1 m Breite auf 2 m erweitert wurde. Die Untersuchungen wurden eingehend durchgeführt, weil ein Venturikanal gleicher Lage und Ausführung zur Messung säurehaltiger Abwässer in einer chemischen Fabrik eingebaut werden sollte. Bei der Anordnung von Venturikanälen kurz hinter Druckrohren muß eine eingehende Untersuchung erfolgen, weil das Wasser mit einer hohen Ankunftsgeschwindigkeit bis zur Einschnürung gelangen kann, und die Wassertiefe im Meßquerschnitt kleiner wird, als sie sich normalerweise gemäß der Bernoullischen Gleichung in einer langen Zulaufstrecke einstellen würde.

F. Die Berechnung des unvollkommenen Abflusses bei Venturikanälen

Im Abschnitt B wurde die allgemeine Abflußgleichung entwickelt:

$$q_v = \alpha \frac{b_2 h_2 \sqrt{2 g (h_1 - h_2)}}{\sqrt{1 - \frac{b_2^2 h_2^2}{b_1^2 (h_1 + w)^2}}}.$$

Es müßten hierzu h_1, h_2, b_1 und b_2 gemessen werden. Während die Messung von h_1, b_1 und b_2 genau durchgeführt werden kann, ist die exakte Bestimmung von h_2 schwierig. Auf Abb. 55 wurde bereits der Abflußbeiwert α für den unvollkommenen Abfluß als Funktion von $\frac{h_1}{h_1 + w}$ in Anlehnung an die Entwicklung von EISNER [9] für den unvollkommenen Abfluß über Wehre dargestellt. Die in Abb. 93 wiedergegebene Zusammenstellung von EISNER gibt einen Überblick über die verschiedenen Abflußbeiwerte für den freien und den unvollkommenen Abfluß. In ähnlicher Form wurden die α-Werte für den unvollkommenen Abfluß bei Venturikanälen auf Abb. 55 entwickelt. Die Zusammenstellung auf Abb. 56 zeigt für alle Zustände des unvollkommenen Abflusses einen funktionalen Zusammenhang zwischen m und $\frac{\Delta h}{h_1}$. SCHMIDT [21] hat für verschiedene Wehrformen einen Abminderungsfaktor c als Funktion von $\frac{h_3}{h_1}$ für das scharfkantige, rundkronige, breitkronige Überfallwehr und das Dachwehr angegeben, der auf Abb. 94 für den unvollkommenen Abfluß dargestellt ist. h_3 bezeichnet die Unterwassertiefe und h_1 die Oberwassertiefe. Der unvollkommene Abfluß q_u wurde nach der Formel

$$q_u = c \frac{2}{3} \mu \sqrt{2 g}\, b\, h_1^{3/2}$$

bestimmt.

Analog wurde für mehrere Messungen am Venturikanal P I bei unvollkommenem Abfluß versucht, eine ähnliche Beziehung aufzustellen. Die in der folgenden Tab. 10 zusammengestellten Meßwerte vom Venturikanal P I wurden für die in der Abb. 95 dargestellte Beziehung $c = \frac{q_u}{q_v}$ als Funktion von $h = \frac{h_3}{h_1}$ verwertet.

Die Tab. 10 enthält ferner die Größe $1 - h^{3/2}$, die gemäß Abb. 96 zur Größe c in Beziehung gesetzt wurde. Auch hier ist ein funktioneller Zusammenhang festzustellen, wie er in ähnlicher Form bereits für den unvollkommenen Abfluß bei Wehren bekannt ist. Bei Wehren kann der unvollkommene Abfluß durch die Formel

$$q_u = k\, q_v\, (1 - h^n)^m$$

bestimmt werden.

Hierbei sind q_u der unvollkommene Abfluß, q_v der vollkommene Abfluß bei der gleichen Überströmungshöhe h_1. Die Werte k, n, m sind Konstanten, die experimentell ermittelt werden müssen.

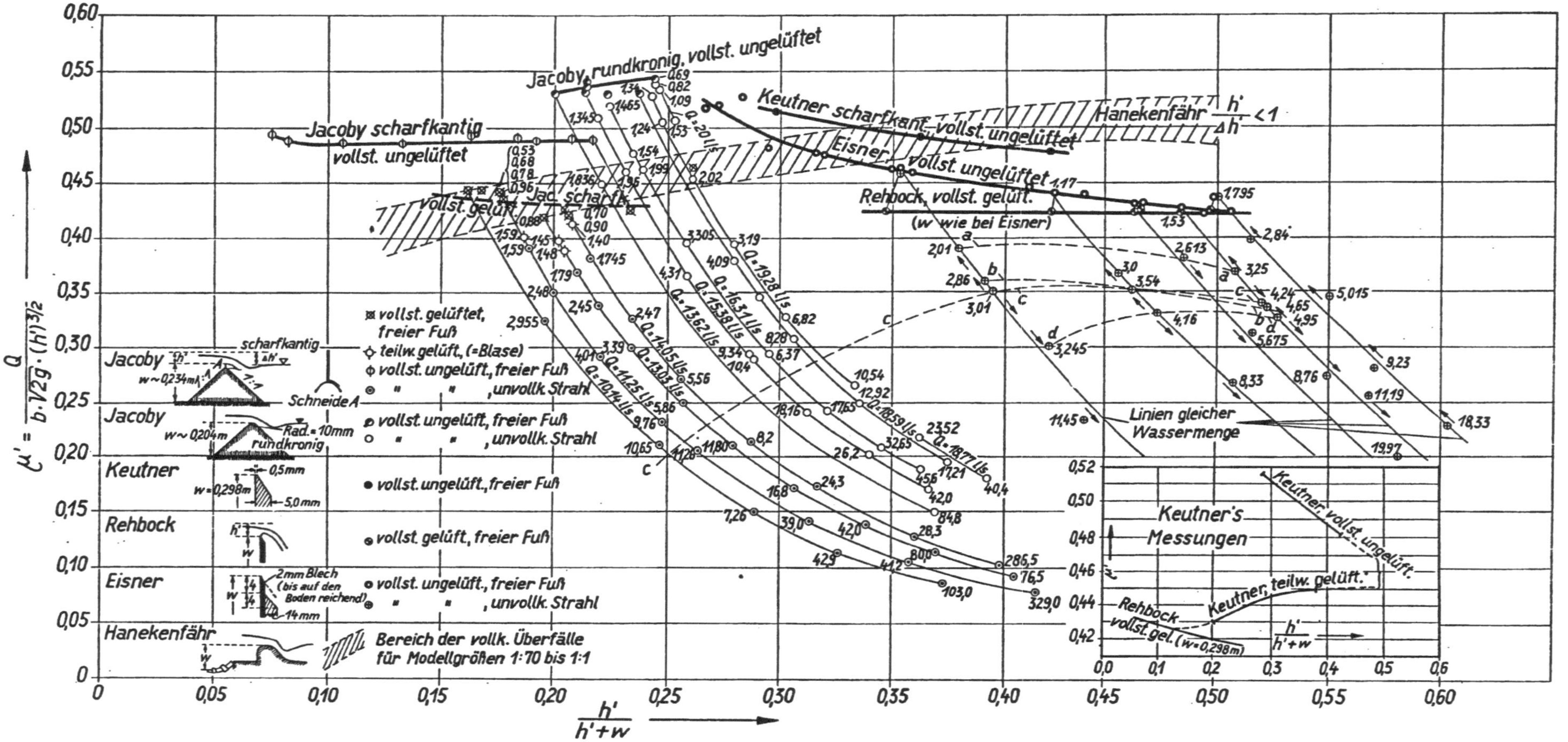

Die neben den Versuchspunkten eingeschriebenen Zahlen bedeuten den Unvollkommenheitsgrad $\frac{h'}{\Delta h}$ | Oberhalb a-a nur Walzen im Unterwasser, unterhalb d-d nur stehende Wellen im Unterwasser | b-b = Grenze für stehende Wellen bei fallendem U.W. c-c = Grenze für Walzen bei steigendem U.W.

Abb. 93. $\mu = f\left(\frac{h_1}{h_1 + w}\right)$ nach „Eisner“

Tabelle 10. Zusammenstellung der Größen c und h für unvollkommenen Abfluß

Vers.-Nr.	5	6	7	8	11	12	13	17	18	19	22	24	26	27	28
h_3 cm	14,61	15,83	17,35	19,75	18,25	19,85	22,7	23,73	25,75	27,35	16,95	24,17	25,10	27,0	30,59
h_1 cm	15,48	16,33	17,69	19,90	18,97	20,38	20,91	24,40	26,14	27,63	18,31	24,49	26,43	27,76	30,74
$h = \frac{h_3}{h_1}$	0,944	0,97	0,982	0,993	0,962	0,975	0,991	0,973	0,987	0,99	0,926	0,986	0,949	0,977	0,995
$c = \frac{q_u}{q_v}$	0,99	0,92	0,81	0,66	0,96	0,85	0,72	0,89	0,81	0,735	0,98	0,84	0,98	0,91	0,78
$1-h^{3/2}$	0,083	0,045	0,027	0,012	0,057	0,038	0,014	0,042	0,022	0,015	0,109	0,022	0,076	0,035	0,008

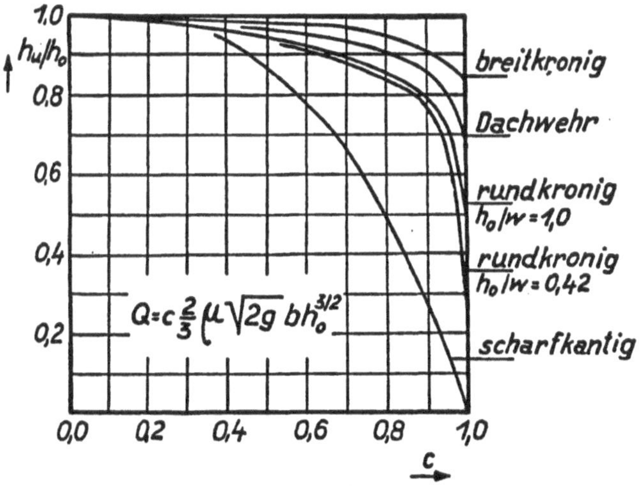

Abb. 94. Abminderungsfaktor für die üblichen Wehrformen

Entnommen aus dem Aufsatz „Die Berechnung unvollkommener Überfälle" von Dr.-Ing. Schmidt, „Die Wasserwirtschaft", 1957, Heft 7, S. 177, Franckh'sche Verlagshandlung, Stuttgart.

Villemonte und Gunaji [24] haben festgestellt, daß die obige Formel auch für den unvollkommenen Abfluß bei einem 6 Zoll-Parshall-Abflußmesser verwendet werden kann. Der verwendete Abflußmesser und die Versuchsergebnisse sind auf Abb. 97 dargestellt. Es wurde daher überprüft, ob auch für den unvollkommenen Abfluß eines von der Forschungsanstalt untersuchten Venturikanals ähnliche Beziehungen festgelegt werden können wie sie bereits für die Wehre bekannt sind. Werden die mit dem Venturikanal P I ohne Verkürzung ermittelten Größen $\frac{q_u}{q_v}$ und $1 - h^{3/2}$ auf logarithmischem Papier aufgetragen und durch eine Ausgleichsgerade ersetzt, so kann unter Verwendung dieser Ausgleichsgerade die Formel

$$\frac{q_u}{q_v} = 1{,}18\,(1 - h^{3/2})^{0{,}076}$$

für den Venturikanal P I ohne Verkürzung entwickelt werden.

Dieses Ergebnis hängt von der Form des Venturikanals ab und kann daher nicht für alle Venturikanäle verallgemeinert werden. Läßt man den Koeffizienten $n = 3/2$ bestehen, so werden sich von Fall zu Fall die Konstanten $k = 1{,}18$ und $m = 0{,}076$ ändern.

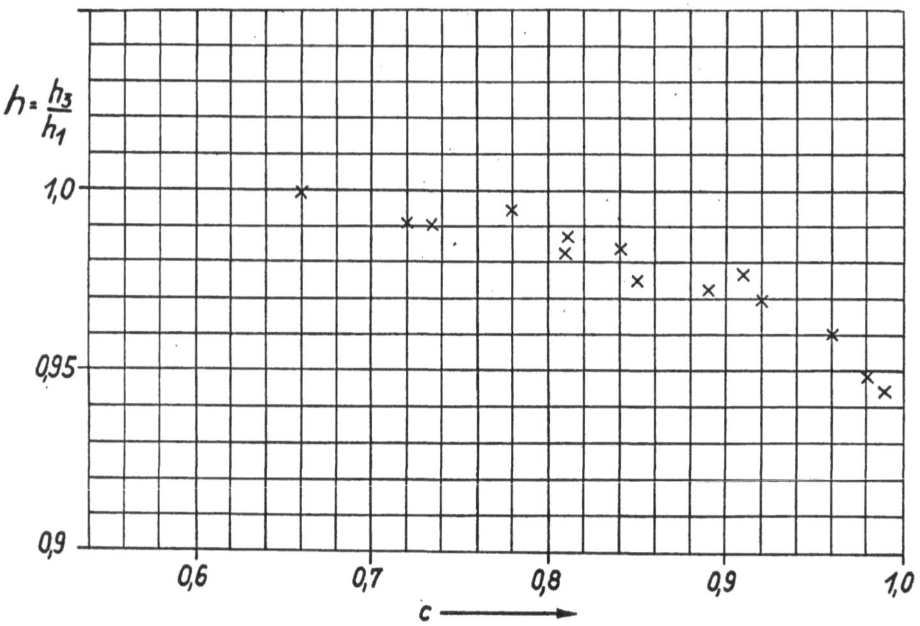

Abb. 95. $c = f\left(\frac{h_3}{h_1}\right)$ nach SCHMIDT

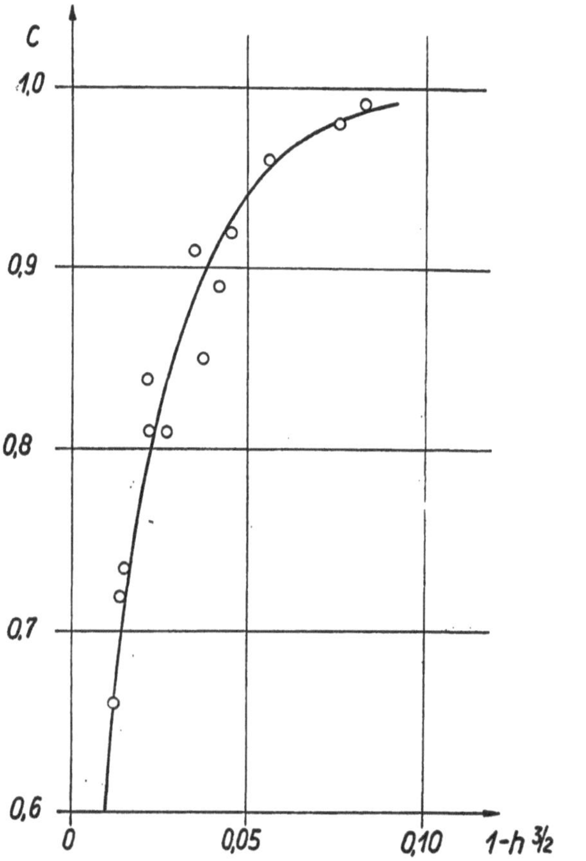

Abb. 96. $c = f\,(1 - h^{3/2})$ für unvollkommenen Abfluß

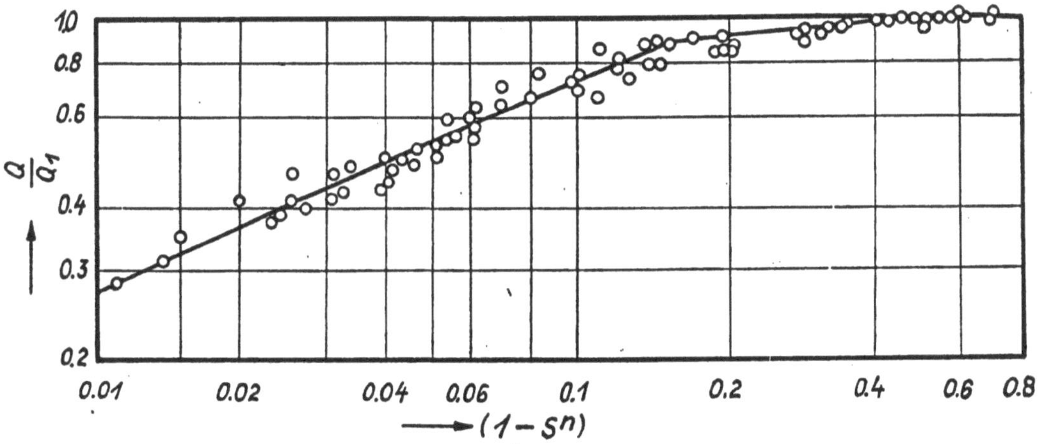

$$\frac{Q_1}{Q} = f(1 - S^n) \text{ bei unvollkommenem Abfluß}$$

$$S = \frac{h_7}{h_1}$$

$$Q = 1{,}20\, Q_1 (1 - S^{1,57})^{0,435}$$

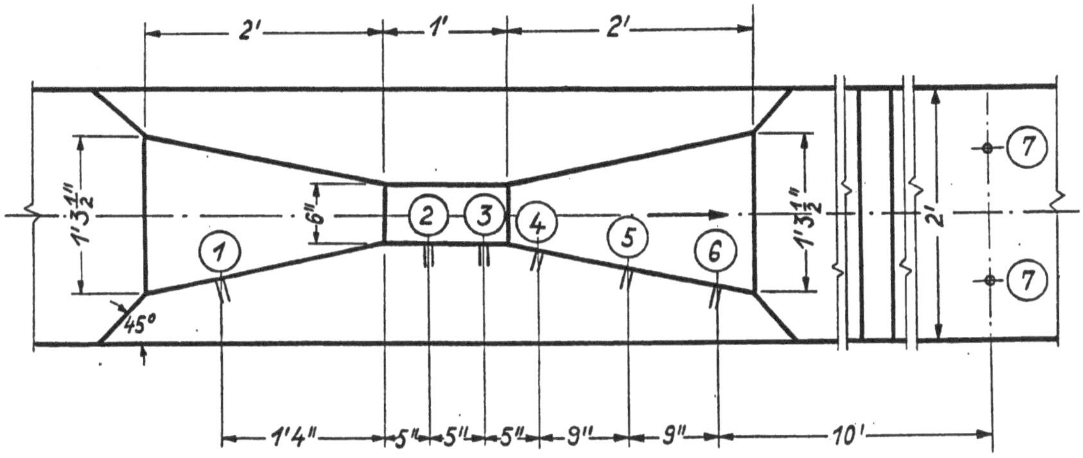

6''-Parshall Meßkanal

Abb. 97

G. Beispiele für die Berechnung von Venturikanälen

Damit im engsten Querschnitt des Venturikanals stets schießende Strömung vorhanden ist, darf die sogenannte Grenztiefe für das Unterwasser nicht überschritten werden. Wie die Versuche gezeigt haben, hängt das Verhältnis $h = \frac{h_3}{h_1}$ für den Grenzfall wesentlich von der Form des Venturikanals ab. Wird eine bestimmte Form gewählt, so ist dieses Verhältnis bekannt. Es kommt nun zunächst darauf an, die Unterwassertiefe h_3 für den Maximal- und Minimalabfluß zu berechnen. Auf Grund des Grenzverhältnisses $h = \frac{h_3}{h_1}$ liegt dann auch die Mindesttiefe h_1 für das Oberwasser fest. Mittels der Abflußformel

$$q_v = \alpha \frac{2}{3\sqrt{3}} b_2 \sqrt{2\,g}\; H^{3/2}$$

kann die Breite b_2 des engsten Querschnittes bestimmt werden. Wird die Breite b_1 des Zulaufkanals gleich der Breite b_3 des Abflußkanals gewählt, so liegen alle Hauptmaße für den Venturikanal fest. Die Ausführung der Zu- und Abflußkanäle hängt von den jeweiligen Verhältnissen ab. Neben offenen, rechteckigen Kanälen können alle Formen, auch geschlossene Rohrleitungen mit beliebiger Profilform gewählt werden. Die Berechnung dieser Abflußkanäle wird als bekannt vorausgesetzt. Bei geschlossenen Rohrleitungen sind teilgefüllte Rohre zugrunde zu legen. Die anschließenden Beispiele aus der Praxis sollen den Berechnungsgang erläutern und zugleich die vielseitige Anwendbarkeit der Venturikanäle zeigen.

Beispiel 1. Für eine Belebtschlammanlage soll ein Venturikanal für einen maximalen Abfluß von 60 m³/h und einen Regelbereich von 40—60 m³/h entworfen werden.

Gewählt wurde ein rechteckiger Abflußkanal aus glattem Beton mit einer Breite $b_3 = 0{,}24$ m und einem Gefälle 1 : 1700. Nach der Formel von Brahms-Checy $v_3 = k\sqrt{r\,i}$ stellt sich bei $q_v = 60$ m³/h $= 0{,}0166$ m³/s und einem $k = 52$ m$^{1/2}$/s eine Wassertiefe $h_3 \approx 0{,}20$ m und eine Abflußgeschwindigkeit $v_3 \approx 0{,}35$ m/s ein. Wird $h = \frac{h_3}{h_1} = 0{,}80$ angenommen, wodurch man bei günstiger Ausbildung des Diffusors mit Sicherheit unter der Grenztiefe bleibt, so ergibt sich für h_1 der Wert 0,25 m. Um diesen Oberwasserspiegel zu erhalten, muß die vorher erwähnte Abflußformel zur Bestimmung der Breite b_2 des engsten Querschnittes verwendet werden:

$$b_2 = \frac{q_v\, 3\sqrt{3}}{\alpha\, 2\sqrt{2\,g}\; H^{3/2}}, \qquad H = h_1 + \frac{v_1^2}{2g} = 0{,}25 + \frac{0{,}28^2}{2 \cdot 9{,}81},$$

$$H = 0{,}254 \text{ m}.$$

Wird keine Schwelle eingebaut, so ergibt sich

$$b_2 = \frac{0{,}0166 \cdot 3 \cdot 1{,}73}{1 \cdot 2 \cdot 4{,}43 \cdot 0{,}254\sqrt{0{,}254}} = 0{,}075\; m\,, \quad \alpha \approx 1$$

Das Einschnürungsverhältnis

$$b = \frac{b_2}{b_1} \quad \text{wird daher zu} \quad b = \frac{0{,}075}{0{,}24} = 0{,}31\,.$$

Für den minimalen Zufluß $q_v = 40\ \mathrm{m^3/h} = 0{,}011\ \mathrm{m^3/s}$ werden

$$h_3 = 0{,}142\ \mathrm{m} \quad \text{und} \quad v_3 = 0{,}32\ \mathrm{m/s}\,.$$

Dann ist

$$h_1 = 0{,}178\ \mathrm{m} \quad \text{für} \quad \frac{h_3}{h_1} = 0{,}8$$

und

$$b_2 = \frac{0{,}011 \cdot 3 \cdot 1{,}73}{2 \cdot 4{,}43 \cdot 0{,}181 \cdot \sqrt{0{,}181}} = 0{,}084\ \mathrm{m}\,,$$

d. h. bei $b_2 = 0{,}075$ m stellt sich ein noch höherer Wert für h_1 ein, nämlich

$$h_1 = 0{,}195\ \mathrm{m}\,.$$

Bei dem minimalen und maximalen Abfluß ist somit ein freier Abfluß gewährleistet, und die Oberwassertiefe schwankt zwischen $h_1 = 0{,}195$ m und 0,25 m. Dieser Bereich wird vom Registrierpegel aufgezeichnet. Da die Aufzeichnung nicht linear zum Abfluß erfolgt, weil $q = f(H^{3/2})$, müßte bei der Forderung einer linearen Aufzeichnung der Pegel noch mit einer entsprechenden Kurvenscheibe zur Entzerrung versehen werden. Derartige Pegel mit direkter Angabe der Abflüsse durch ein Zeigergerät oder durch Aufschreibung werden fabrikmäßig hergestellt. Der Zuleitungskanal von 0,24 m Breite müßte bei einem Rauhigkeitsbeiwert $k = 52\ \mathrm{m^{1/2}/s}$ mit einem Sohlengefälle von etwa 1 : 2800 ausgeführt werden, damit Parallelabfluß zur Sohle vorhanden ist und bei 0,25 m Wassertiefe $0{,}0166\ \mathrm{m^3/s}$ zugeführt werden. Die Zuflußgeschwindigkeit beträgt $v_1 \approx 0{,}28$ m/s. Auch diese Größe muß beachtet werden, damit genügend Turbulenz zur Abführung der schlammhaltigen Abwässer vorhanden ist.

Beispiel 2. In einen Kühlwasserkanal von 2,4 m Breite und rechteckigem Querschnitt aus Beton soll ein Venturikanal zur Abflußmessung von $0{,}317\ \mathrm{m^3/s}$ eingebaut werden. Im Abflußkanal, der ein Gefälle von 1:4500 hat, stellt sich bei $k = 60\,\mathrm{m^{1/2}/s}$ eine Unterwassertiefe von $h_3 = 0{,}3$ m ein.

Die Abflußgeschwindigkeit wird dann $v_3 = 0{,}44$ m/s. Unter der Annahme $h = \frac{h_3}{h_1} = 0{,}80$ wird $h_1 = \frac{h_3}{h} = \frac{0{,}3}{0{,}8} = 0{,}375$ m und $v_1 = \frac{q_v}{f_1} = \frac{0{,}317}{2{,}4 \cdot 0{,}375} = 0{,}35$ m/s. Die Breite b_2 des engsten Querschnittes errechnet sich zu

$$b_2 = \frac{q_v\, 3\sqrt{3}}{\alpha\, 2\sqrt{2\,g}\, H^{3/2}}, \qquad \text{wobei} \qquad H = h_1 + \frac{v_1^2}{2\,g} = 0{,}375 + \frac{0{,}35^2}{2 \cdot 9{,}81},$$

$$H = 0{,}381\ \mathrm{m} \quad \text{ist,}$$

$$\alpha \approx 1 \quad \text{angenommen,}$$

$$b_2 = \frac{0{,}317 \cdot 3 \cdot 1{,}73}{2 \cdot 4{,}43 \cdot 0{,}381 \cdot \sqrt{0{,}381}}\,,$$

$$b_2 = 0{,}79\ \mathrm{m} \approx \underline{\underline{0{,}8\ \mathrm{m}}}\,,$$

$$b = \frac{b_2}{b_1} = \frac{0{,}8}{2{,}4} = 0{,}33 = \frac{1}{3}\,.$$

Analog wie beim vorhergehenden Beispiel kann das Sohlengefällle für den Zulaufkanal bestimmt werden. Bei einer Wassertiefe $h_1 = 0{,}375$ m und Breite $b_1 = 2{,}4$ m wird

$$v_1 = \frac{q_v}{f_1} = 0{,}35\ \mathrm{m/s} \qquad \text{und} \qquad i = \frac{v_1^2}{k^2 r} = \frac{0{,}35^2}{3600 \cdot 0{,}286} = 1:8300\,.$$

Wird eine flache Schwelle von 0,1 m maximaler Höhe gewählt, so ändern sich die Verhältnisse gemäß Abb. 98 wie folgt: Die Oberwassertiefe h_1 über der Schwelle beträgt

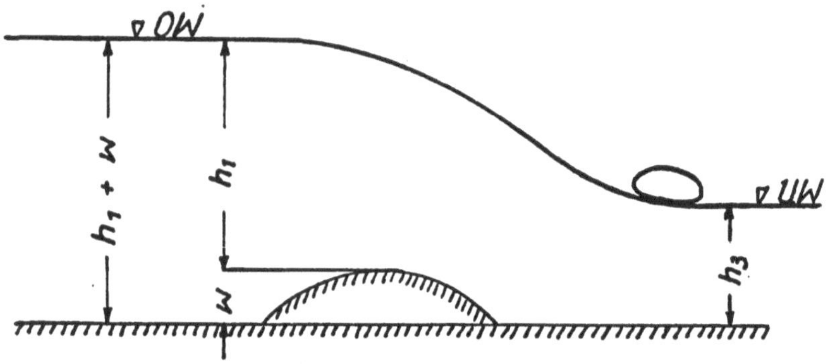

Abb. 98. Prinzipskizze des Wechselsprungs

0,275 m, da zwischen O.W. und U.W. wegen des freien Abflusses eine Differenz von 0,075 m vorhanden sein muß. Die Rechnung mit $h_1 = 0{,}275$ m, liefert:

$$v_1 = \frac{q_v}{f_1} = \frac{0{,}317}{0{,}375 \cdot 2{,}4} = 0{,}35\ \mathrm{m/s}\,,$$

$$H = h_1 + \frac{v_1^2}{2g} = 0{,}281\ \mathrm{m}\,,$$

$$b_2 = \frac{q_v\, 3 \cdot \sqrt{3}}{\alpha \cdot 2 \cdot \sqrt{2g}\, H^{3/2}} = \frac{0{,}317 \cdot 3 \cdot 1{,}73}{1 \cdot 2 \cdot 4{,}43 \cdot 0{,}281 \cdot \sqrt{0{,}281}}\,,$$

$$b_2 = 1{,}25\ \mathrm{m}\,,$$

$$b = \frac{b_2}{b_1} = \frac{1{,}25}{2{,}4} \approx \frac{1}{2}\,.$$

Aus diesem Beispiel ist der Einfluß einer Schwelle auf die Abmessungen eines Venturikanals zu erkennen. Die Werte wurden so gewählt, daß der Grenzzustand, bei dem eine Rückwirkung des Unterwassers auf den Oberwasserspiegel eintritt, nicht erreicht wird.

An dieser Stelle soll auf den Fall eingegangen werden, daß der Abflußkanal hinter dem Venturi nach verhältnismäßig kurzem Weg in einen Sammelschacht mündet. An dieser Stelle besteht ein großer Niveauunterschied, so daß das Wasser dort abstürzt. Kaden [17] hat für rechteckige und parabolische Rinnen festgestellt, daß die Absturzhöhe mit der kritischen Wassertiefe nicht übereinstimmt. Die kritische Wassertiefe h_{kr}, die für das Rechteckprofil $h_{kr} = \sqrt[3]{\frac{q^2}{b_3^2 g}}$ beträgt, tritt in der Entfernung $l_{kr(\mathrm{cm})} = 6{,}15\, h_{kr(\mathrm{cm})}^{9/13}$ vor dem Absturz ein. Bei einem gegebenen Abfluß q_v und gegebener Kanalbreite b_3 ist daher die Lage der kritischen Tiefe h_{kr} bestimmbar, und es kann von diesem Punkt bis zum Unterwasser des Venturikanals die Senkungskurve rechnerisch oder zeichnerisch ermittelt werden. Durch die Festlegung der Unterwassertiefe h_3 lassen sich die Hauptmaße für den Venturikanal, wie bereits im Beispiel 1 und 2 angegeben, berechnen. Im folgenden Beispiel wird näher auf die Bestimmung der Unterwassertiefe h_3 eingegangen, wenn das Wasser kurz hinter dem Venturikanal in einen Sammelschacht stürzt. Werden die Werte des Beispiels 2 verwendet, so ergibt sich zunächst bei $q_v = 0{,}317$ m³/s und $b_3 = 2{,}4$ m die kritische Tiefe $h_{kr} = \sqrt[3]{\frac{q_v^2}{b_3^2 g}} = 0{,}1214$ m, in der kritischen Länge $l_{kr} = h_{kr}^{9/13} \cdot 6{,}15$ (in cm) $= 12{,}14^{9/13} \cdot 6{,}15 = 34$ cm. Unter Verwendung der Bernoullischen Gleichung kann gemäß Abb. 99 die Senkungskurve schrittweise berechnet werden.

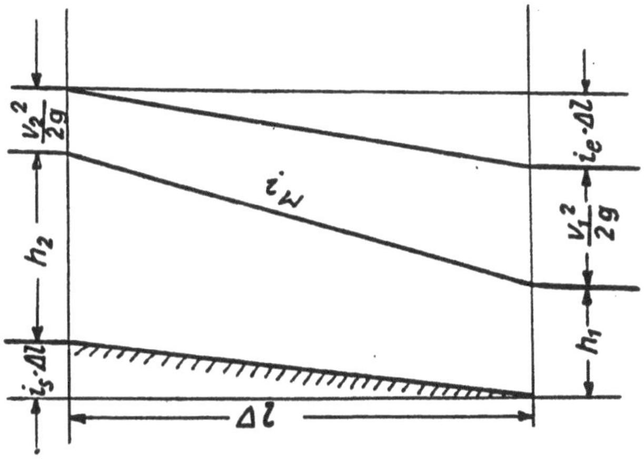

Abb. 99. Prinzipskizze der Senkungskurve

$$h_1 + \frac{v_1^2}{2g} + i_e \Delta l = h_2 + \frac{v_2^2}{2g} + i_s \Delta l$$

$$\Delta l = \frac{h_2 + \frac{v_2^2}{2g} - h_1 - \frac{v_1^2}{2g}}{i_e - i_s},$$

wobei

$$i_e = \frac{v_m^2}{k^2 r_m}$$

gesetzt wurde.

Die folgende Tab. 11 zeigt die schrittweise Berechnung der Teillängen Δl für $q_v = 0{,}317$ m³/s und $b_3 = 2{,}4$ m.

Tabelle 11. Ermittlung der Senkungskurve

h	v	v_m	r	r_m	$\frac{v^2}{2g}$	Δl	$v_m\, r_m$	k
m	m/s	m/s	m	m	m	m	m²/s	$\frac{m^{1/3}}{s}$
0,1214	1,090	1,045	0,110	0,1145	0,0605	0,65	0,120	62
0,1314	1,000	0,967	0,119	0,1230	0,0510	3,10	0,119	62
0,1414	0,935	0,904	0,127	0,1310	0,0445	5,80	0,119	62
0,1514	0,873	0,850	0,135	0,1380	0,0390	7,70	0,118	62
0,1614	0,820	0,795	0,142	0,1460	0,0342	10,30	0,117	62
0,1714	0,770	0,750	0,150	0,1540	0,0300	14,60	0,116	62
0,1814	0,730		0,158		0,0270			

Wie bereits erwähnt, wird der Zulauf zum Venturikanal im allgemeinen genügend lang gewählt, um eine gleichmäßige Zuströmung zu erzielen. Hierdurch wird, wie die folgenden Beispiele zeigen, die Länge des Ablaufkanals kürzer als die Länge des Zulaufs. Die Summe der Δl-Werte der Tab. 11 ergibt eine Gesamtlänge von $L = \Sigma \Delta l = 42{,}49$ m. Die kritische Länge $l_{kr} = 0{,}34$ m ist hierbei berücksichtigt, hat aber keinen wesentlichen Einfluß auf die Bestimmung der Gesamtlänge. Bei $L = 42{,}49$ m ist die Unterwassertiefe von $h = 0{,}1214$ m auf $h_3 = 0{,}1814$ m gestiegen, hat aber noch nicht die im Beispiel 2 errechnete Tiefe von $h_3 = 0{,}30$ m erreicht. Bei eingehender Berechnung der Senkungskurve ist es also möglich, h_3 genau zu bestimmen und dadurch auch die Größe h_1 sowie die Breite b_2 genau zu errechnen.

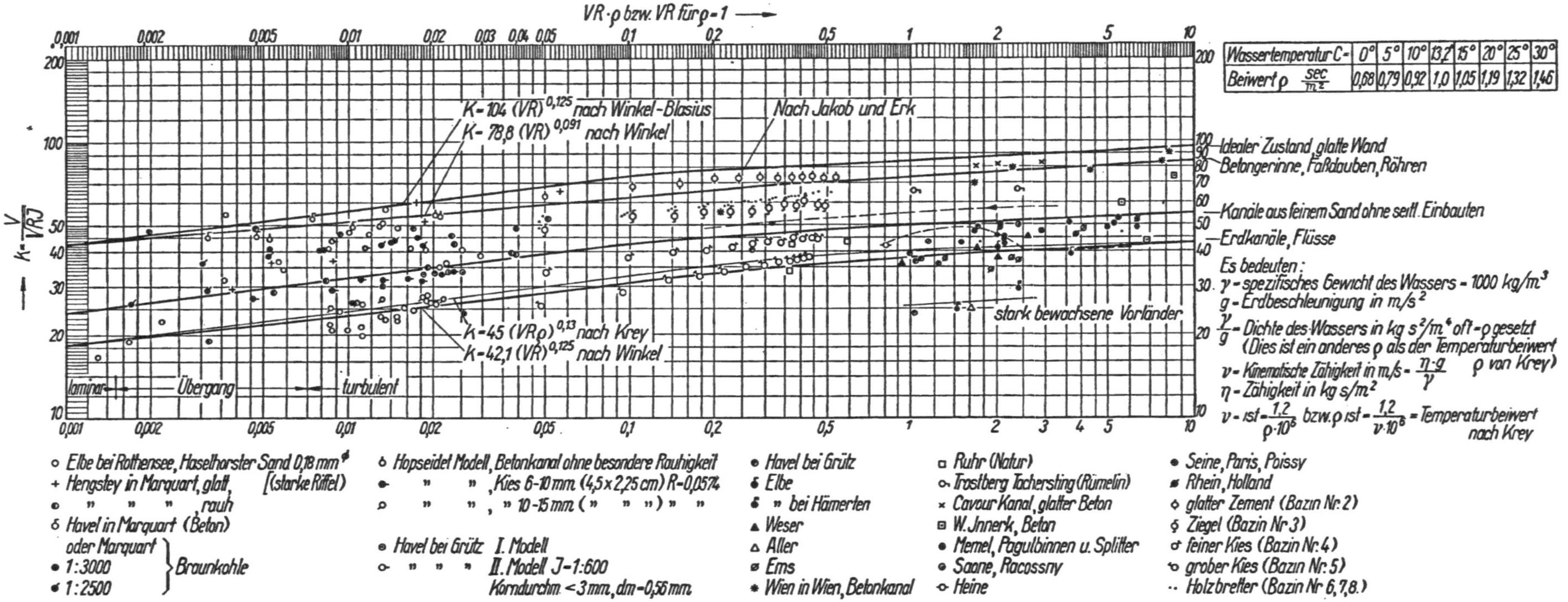

Abb. 100. Rauhigkeitsbeiwerte „k" in Beziehung zur Kreyschen Kennzahl „v. R", bzw. zum Kennwert „v. R" wenn $\varrho \approx 1$ ist (13,2° C Wassertemperatur)

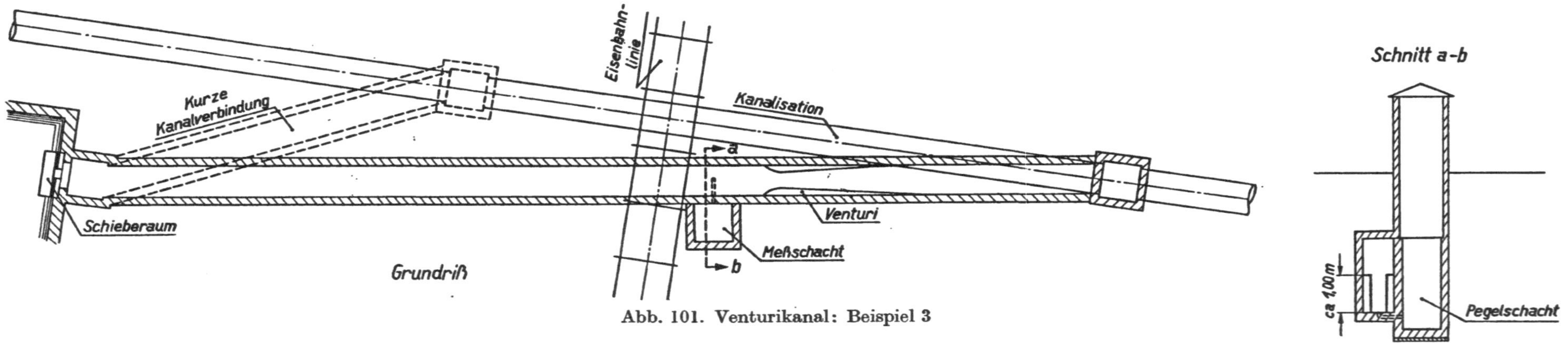

Abb. 101. Venturikanal: Beispiel 3

Liegt ein längerer Abflußkanal vor, so kann die Unterwassertiefe h_3 mittels der Formel von BRAHMS-CHECY $v = k\sqrt{r\,i}$ und unter Verwendung der von KREY entwickelten graphischen Darstellung $k = f(v, r)$ berechnet werden. Die Forschungsanstalt verwendet im allgemeinen für ihre Berechnungen diese Formel, da ihr zahlreiche, durch Messungen von ZSCHIESCHE ermittelte k-Werte zur Verfügung stehen, die in der Abb. 100 zusammengestellt wurden.

Beispiel 3. Verschmutzte Abwässer sollen vor ihrer Einleitung in eine bestehende Kanalisation mengenmäßig unter Verwendung eines Venturikanals gemessen werden. Der maximale Zufluß beträgt 280 l/s, der minimale Zufluß 13,9 l/s.

Gemäß der in Abb. 101 dargestellten Anlage soll außerdem überprüft werden, ob die kurze, etwa 9 m lange und 0,8 m breite Kanalverbindung zu einem zusätzlich einzubauenden Schacht benutzt werden kann, oder ob der 25 m lange, ebenfalls 0,8 m breite Verbindungskanal zur Kanalisation vorgesehen werden muß.

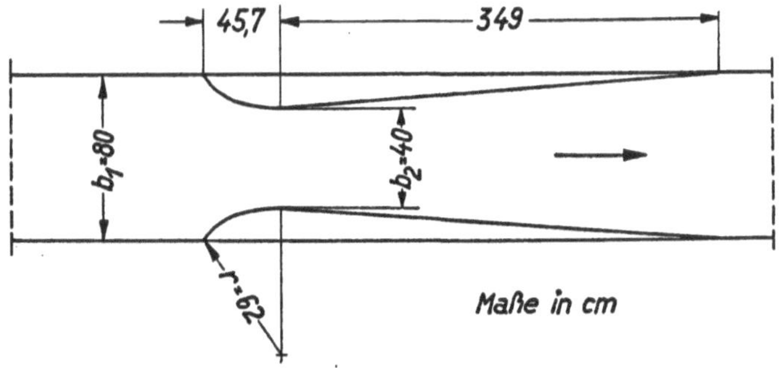

Abb. 102. Venturikanal: Beispiel 3, Grundriß der Einschnürung

Eine gute Anströmung des Venturikanals ist in der kurzen Kanalverbindung kaum zu erreichen, da durch die starke Richtungsänderung hinter dem Schieberraum bei großen Abflüssen eine einseitige Zuströmung eintreten wird. Wie die Abb. 101 zeigt, ist die Anordnung in dem geraden Verbindungskanal, etwa 15 m vom Einlauf entfernt, günstiger. Die kritische Tiefe am Absturz in den Sammelschacht hat beim maximalen Abfluß $q_v = 0{,}28\ \mathrm{m^3/s}$ und der Kanalbreite $b_3 = 0{,}8$ m den Wert

$$h_{kr} = \sqrt[3]{\frac{q_v^2}{b_3^2\, g}} = \sqrt[3]{\frac{0{,}28^2}{0{,}8^2 \cdot 9{,}81}} = 0{,}232\ \mathrm{m}\,.$$

Bei einer Länge des Abflußkanals von 5 m beträgt die Zunahme der Wassertiefe bis zum Diffusor des Venturikanals nur wenige Zentimeter. Wird auf Grund der Tab. 11 eine Zunahme von ≈ 2 cm angenommen, so ist $h_3 = 0{,}252$ m. Gemäß Abb. 102 wurde der Diffusor hydraulisch sehr günstig gewählt. Unter Berücksichtigung eines Sicherheitszuschlages zur Vermeidung der Grenztiefe wird $h_1 = \frac{h_3}{0{,}8} = 0{,}316$ m und b_2 erhält den folgenden Wert:

$$b_2 = \frac{q_v\, 3\sqrt{3}}{\alpha\, 2\, H\sqrt{2\,g\,H}} = \frac{0{,}28 \cdot 3 \cdot 1{,}73}{1 \cdot 2 \cdot 4{,}43 \cdot 0{,}376\sqrt{0{,}376}} = 0{,}72\ \mathrm{m}\,.$$

Es kann mit einer Breite $b_2 = 0{,}72$ m gearbeitet werden.

Gemäß Abb. 102 wurde aber eine Breite $b_2 = 0{,}4$ m gewählt, so daß das Einschnürungsverhältnis $b = \frac{b_2}{b_1} = \frac{0{,}4}{0{,}8} = 0{,}5$ wird. Für die Registrierung der Oberwassertiefe ergibt sich hierdurch ein größerer Meßbereich, denn es stellte sich bei einem maximalen Abfluß von

q_v = 0,28 m³/s eine Oberwassertiefe von 0,52 m ein, so daß für die Abflußmessungen ein Meßbereich von ungefähr 45 cm zur Verfügung steht. Die Eichkurve für den in Abb. 102 dargestellten Meßkanal ist in Abb. 103 aufgestellt. Die Oberwassertiefe wird von der

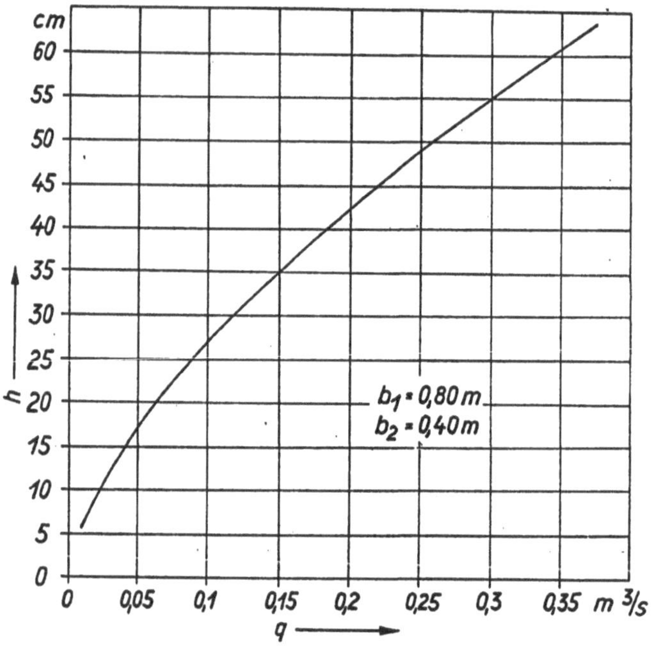

Abb. 103. Venturikanal: Beispiel 3, Eichkurve

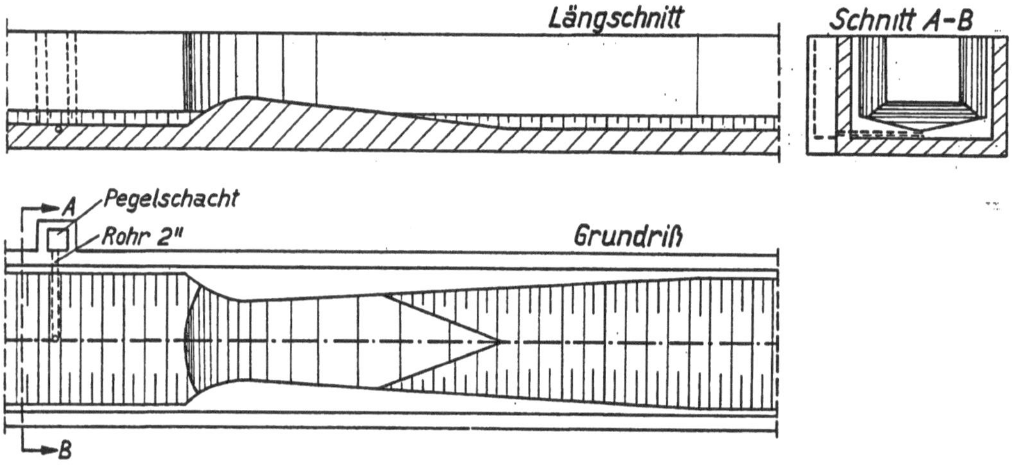

Abb. 104. Venturikanal: Beispiel 4

Kanalsohle bis zum Wasserspiegel gemessen. Die mittlere Geschwindigkeit im Zuflußkanal bei maximalem Abfluß q_v = 0,28 m³/s wird zu v_{1m} = 0,66 m/s.

Beispiel 4. In einer Regenwasserkläranlage soll durch einen Venturikanal ungereinigtes Abwasser gemessen werden. Der Trockenwetterabfluß beträgt q_{min} = 0,337 m³/s, der maximale Abfluß bei Regenwetter etwa q_{max} = 1,32 m³/s. Wie aus der Abb. 104 zu ersehen ist, wurden für den aus Beton gefertigten Zufluß- und Abflußkanal ein fünfeckiges Profil mit einer Gerinnebreite b_1 = 1,8 m und ein Sohlengefälle i = 1 : 1300 im Zu- und Abfluß gewählt.

Falls bei dem Venturikanal eine Schwelle nicht möglich ist, weil beim Einbau einer Schwelle eine starke Schlammabsetzung vor der Schwelle befürchtet wird und andererseits die Zuflußrinne beim Zufluß Null leerlaufen soll, muß die Zuflußrinne etwa 5 m vor dem Beginn des Venturikanals einen Rechteckquerschnitt erhalten. Der Übergang vom Fünfeckquerschnitt zum Rechteckquerschnitt muß allmählich erfolgen, damit keine wesentliche Störung des Zuflusses erfolgt. Bei der Wahl einer Schwelle (s. Abb. 104) kann das Profil bis zur Schwelle beibehalten werden. Auf Grund der folgenden Berechnungen wurden ein Einschnürungsverhältnis $b = \frac{b_2}{b_1} = 0{,}6$ und eine Schwellenhöhe $w = 0{,}4$ m gewählt.

Tabelle 12. Zusammenstellung des Abflusses für verschiedene Wassertiefen für Beispiel 4

h_3	f_3	r_3	k	v_3	$v_3\, r_3$	$q = v_3\, f_3$
m	m²	m	$m^{1/2}/s$	m/s	m²/s	m³/s
0,1	0,36	0,175	60	0,695	0,12	0,250
0,2	0,54	0,240	62	0,840	0,20	0,454
0,3	0,72	0,298	64	0,970	0,29	0,697
0,4	0,90	0,340	66	1,070	0,36	0,960
0,5	1,08	0,380	68	1,160	0,44	1,250
0,6	1,26	0,413	69	1,230	0,507	1,550

Bei $h_3 \approx 0{,}52$ m wird $q = 1{,}32$ m³/s (s. Tab. 12).

$$h_1 = \frac{h_3}{0{,}73} = 0{,}71 \text{ m};$$

$h = 0{,}73$ wurde wegen der großen Überströmungshöhe gewählt;

$$H = h_1 + \frac{v^2}{2g} = 0{,}71 + 0{,}08 = 0{,}79 \text{ m};$$

$$b_2 = \frac{q_v\, 3\sqrt{3}}{\alpha \cdot 2H\sqrt{2gH}} = \frac{1{,}32 \cdot 3 \cdot 1{,}73}{1{,}01 \cdot 2 \cdot 4{,}43 \cdot 0{,}79\sqrt{0{,}79}} \text{ m};$$

$$b_2 = 1{,}08 \text{ m}.$$

Besondere Sorgfalt muß beim Bau auf die Einhaltung dieses Maßes $b_2 = 1{,}08$ m gelegt werden. Die genauen Maße für die Gestaltung der Einschnürung sind in Abb. 105 enthalten. Abb. 104 zeigt die Anordnung des Pegelschachtes neben dem Kanal, der durch ein etwa 2″ starkes Rohr etwa 1,8 m vor Beginn der Einschnürung angeschlossen ist. Der Durchflußbeiwert α kann bei einem Venturikanal ohne Schwelle zu $\alpha = 1{,}01$ auf Grund der Modellversuche der Forschungsanstalt gewählt werden; bei der Ausführung mit

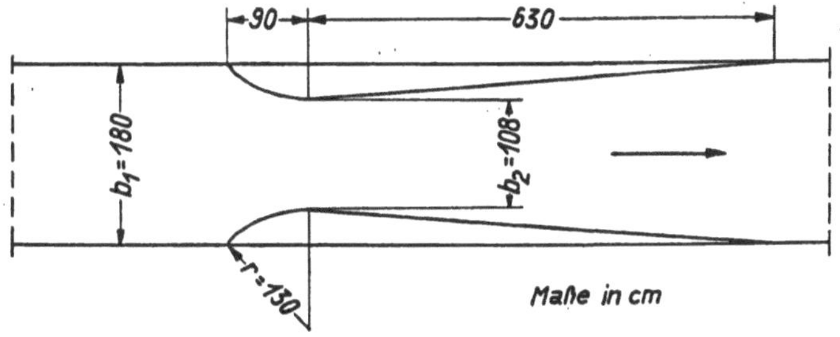

Abb. 105. Venturikanal: Beispiel 4, Grundriß der Einschnürung

Schwelle muß, wie die Versuche mit den Modellen P I, P V und K I gezeigt haben, ein höherer Abflußbeiwert gewählt werden.

Beispiel 5. In einer Textilfabrik sollen Abwässer vor ihrer Ableitung in einen Sammelschacht durch einen Venturikanal mengenmäßig gemessen werden. Der maximale Abfluß beträgt $q_v = 0{,}20\ m^3/s$. Durch Steinzeugrohre von 600 mm Durchmesser soll das zu messende Abwasser von den Absatzbecken mit einem Gefälle von $i = 1:94$ einem säurefest verkleideten rechteckigen Schacht von $1{,}5 \times 5{,}5$ m Größe zugeführt und dort durch einen Venturikanal gemessen werden. Das Projekt sah einen Abfluß in Steinzeugrohren von 600 mm Durchmesser mit einem Gefälle $i = 1:194$ vor.

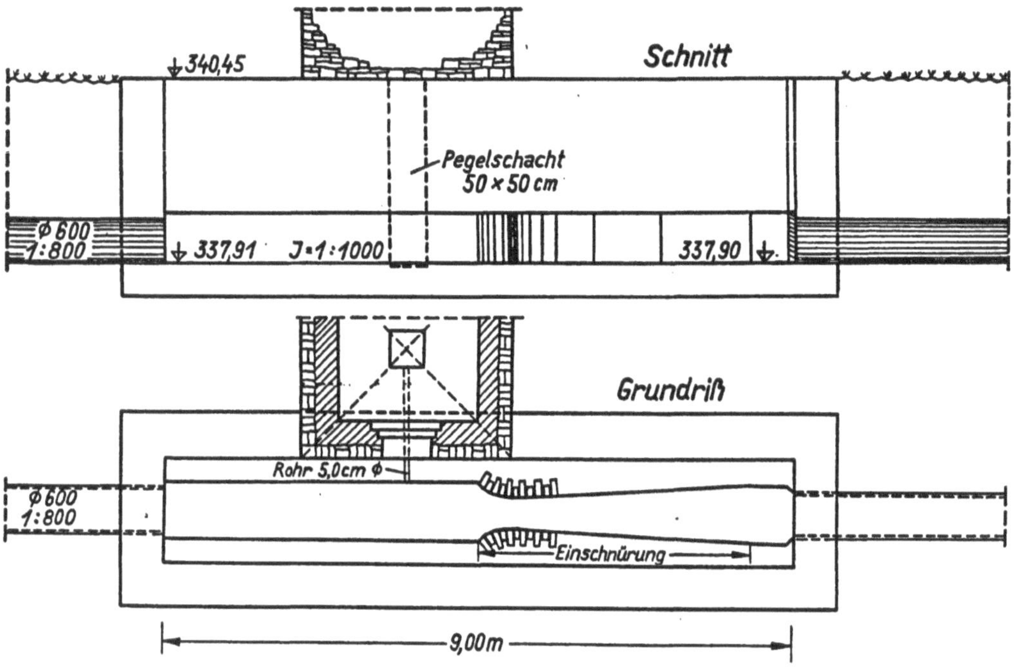

Abb. 106. Venturikanal: Beispiel 5

Zunächst ist zu diesem Projekt zu sagen, daß durch das starke Gefälle von 1 : 94 der Zufluß zum Venturikanal „schießend" erfolgen würde. Die Zuströmungsgeschwindigkeit $v_m = \frac{q_v}{f}$ ist größer als die Wellengeschwindigkeit $c = \sqrt{g\,r}$. Vor der Einschnürung des Venturikanals würde infolge des Überganges zum strömenden Fließzustand ein Wechselsprung mit Walzenbildung auftreten, der keine exakte Messung der Oberwassertiefe zuläßt. Das Gefälle des Zuflusses wurde daher auf $i = 1:800$ abgeschwächt und der Schacht zum Einbau des Venturimessers auf 9 m verlängert (s. Abb. 106). Aus der Abb. 106 ist ebenfalls zu ersehen, daß der Pegelschacht einschließlich der Verbindungsleitung viel zu groß gewählt wurde. Das Projekt konnte daher durch einen Pegelschacht 50×50 cm und ein Anschlußrohr von 5 cm Durchmesser wesentlich vereinfacht werden. Das Zuleitungsrohr von 600 mm Durchmesser, welches im Betrieb nur teilgefüllt ist, mündet am Anfang des Schachtes in einen 0,8 m breiten rechteckigen Kanal, der bis zum Venturikanal etwa 4,5 m lang ist. Bei einem Einschnürungsverhältnis von $b = \frac{b_2}{b_1} = 0{,}5$ d. h. für $b_2 = 0{,}4$ m ergeben sich die in Abb. 107 angegebenen Maße. Der Abfluß im engsten Querschnitt ist bei jedem Wasserstand schießend, da das Gefälle der Abflußleitung $i = 1:194$ genügend groß ist. Die Grundlage für die Berechnung des Venturikanals und die Aufstellung der Eichkurve bildet die Formel

$$q_v = \alpha \cdot \frac{2}{3\sqrt{3}} b_2 \sqrt{2\,g}\; H^{3/2} \,.$$

Beispiel 6. In einer Papierfabrik soll das Papiermaschinenwasser, in welchem Faser- und Füllstoffe suspendiert sind, in einem vorhandenen gemauerten, 15 m langen Abflußkanal von 0,55 m Breite und 0,6 m Höhe durch einen Venturikanal gemessen werden. Das Sohlengefälle beträgt 1 : 300. Für den Einbau des Venturikanals stehen etwa 6 m zur Verfügung. Der Meßbereich erstreckt sich von $q_{\min} = 0{,}033$ m³/s bis $q_{\max} = 0{,}1$ m³/s.

Zur einwandfreien mechanischen Registrierung der Abflüsse ist eine gleichmäßige Zuströmung zum Venturimesser zweckmäßig. Im vorliegenden Fall ist dies am besten dadurch zu erreichen, daß der Venturikanal kurz vor dem Vorfluter eingebaut wird. Dadurch ist es möglich, etwa 6 m der Sohle vor der Einschnürung waagerecht zu verlegen. Wegen der suspendierten Teile können Beruhigungssiebe nicht eingebaut werden, jedoch kann durch Einbau mehrerer Leitbleche parallel zur Kanalwand die Anströmung gleichmäßig gestaltet werden. Die Breite b_2 im engsten Querschnitt wurde gleich 0,275 m gewählt. Das Einschnürungsverhältnis $b = \frac{b_2}{b_1}$ beträgt somit 0,5. Durch den Absturz des Wassers hinter dem Venturikanal in einen Vorfluter ist stets schießender Abfluß im engsten Querschnitt und das gewählte Einschnürungsverhältnis gewährleistet einen guten großen Meßbereich. Wie aus der Abb. 108 zu ersehen ist, hat die Oberwassertiefe h_1 bei $q_v = 0{,}033$ m³/s den Wert 15,8 cm und bei $q_v = 0{,}1$ m³/s den Wert 33,2 cm, so daß ein Meßbereich $\Delta h = 17{,}4$ cm zur Verfügung steht. Der Durchflußbeiwert wurde auf Grund der Modellversuche zu $\alpha = 1{,}01$ gewählt. Große Sorgfalt muß auf die Einhaltung des Maßes b_2 im engsten Querschnitt gelegt werden. Die Einschnürung kann im engsten Querschnitt aus Beton oder auch aus einem stabilen Rahmen aus starkem Messingblech hergestellt werden.

Etwa 4 h_1 vor der Einschnürung entfernt ist das Pegelrohr etwa ½″ bis ¾″ stark anzuschließen. Der Pegelschacht, etwa 30 × 30 cm im Querschnitt oder 30—35 cm Durchmesser bei runder Ausführung ist etwa 5 cm tiefer als die Kanalsohle auszuführen, damit der Schwimmer bei niedrigem Wasserstand nicht auf der Sohle aufliegt. Die genauen Maße für die Ausführung des Venturikanals sind in der Abb. 109 enthalten. Kurz hinter dem Absturz stellt sich im Abflußkanal die kritische Wassertiefe

$$h_{kr} = \sqrt[3]{\frac{q^2}{b_3^2\, g}}$$

ein.

Für $q_{\max} = 0{,}1$ m³/s wird bei $b_3 = 0{,}55$ m

$$h_{kr} = \sqrt[3]{\frac{0{,}1^2}{0{,}55^2 \cdot 9{,}81}} = 0{,}149 \text{ m} \,.$$

Bei $h = \frac{h_3}{h_1} = 0{,}8$ wird $h_1 = \frac{0{,}149}{0{,}8} = 0{,}187$ m, wenn $h_3 = h_{kr}$ gesetzt wird.

Da $h_1 = 0{,}33$ m gewählt wurde, ist eine Annäherung an die Grenztiefe nicht gegeben, ein freier Abfluß stets gewährleistet und ein guter Meßbereich vorhanden. Im Oberwasser ist die Zuströmungsgeschwindigkeit $v_1 = \frac{q_v}{f_1} = \frac{0{,}1}{0{,}55 \cdot 0{,}332} = 0{,}547$ m/s. Sie ist genügend groß, um die abzuführenden Stoffe in Suspension zu halten.

Beispiel 7. In einer Papierfabrik soll Produktionsabwasser, größtenteils Kühlwasser, welches durch Faserteile verhältnismäßig wenig verunreinigt wird, mengenmäßig erfaßt

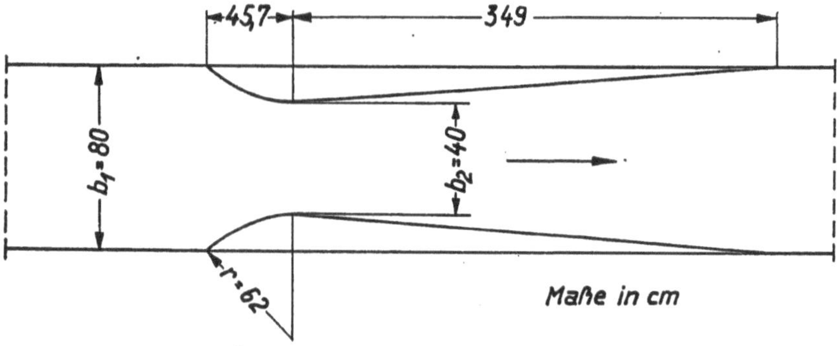

Abb. 107. Venturikanal: Beispiel 5, Grundriß der Einschnürung

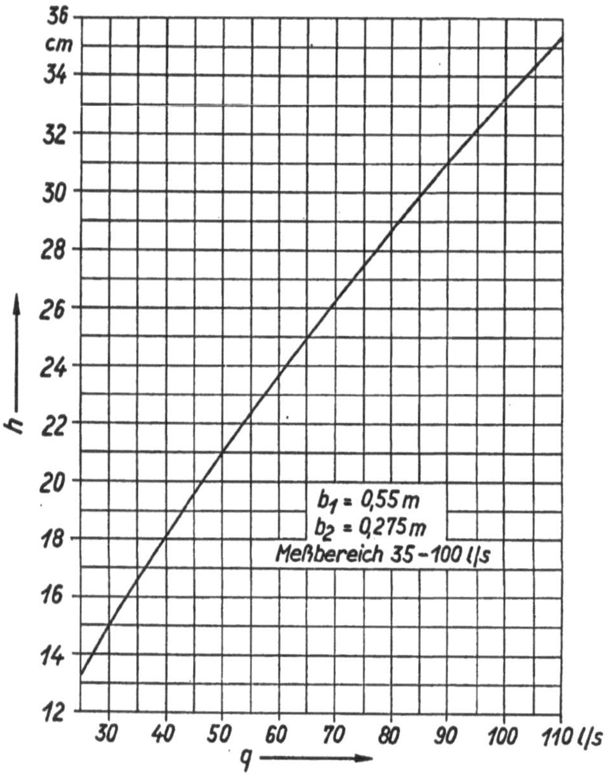

Abb. 108. Venturikanal: Beispiel 6, Eichkurve

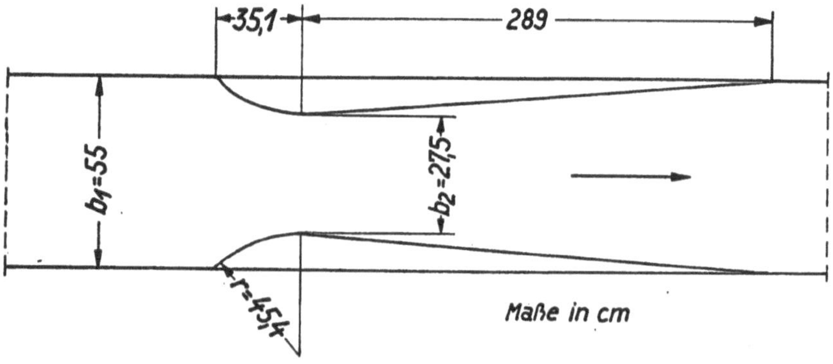

Abb. 109. Venturikanal: Beispiel 6, Grundriß der Einschnürung

werden, bevor es in den Abflußgraben stürzt. Die Überprüfung der gegebenen Verhältnisse ergab, daß das Wasser durch ein Rohr von 150 mm Durchmesser von den im Erdgeschoß aufgestellten Maschinen einem abgedeckten, unter dem Kellerboden befindlichen, 4 m langen Kanal von etwa 25 cm Breite und 64 cm Tiefe zugeführt wird und am Ende 3—4 m tief in einen Graben stürzt. Bei einer Wassertiefe von 0,15 m wurde eine Geschwindigkeit von etwa 0,8 m/s festgestellt. Bei normalen Produktionsverhältnissen ist daher mit einem Abfluß von $q_v = 0{,}030\ \mathrm{m^3/s}$ zu rechnen. Das Zuleitungsrohr zum Abflußkanal ist am Ende mit einem Krümmer versehen, so daß das Wasser mit einer Geschwindigkeit von ca. 1,70 m/s in den Kanal schießt und auf der 4 m langen Kanalstrecke nicht genügend beruhigt werden kann, wenn noch ein Venturikanal zur Abflußmessung eingebaut wird. Wie aus der Abb. 110 zu ersehen ist, wurde der Rohrkrümmer entfernt und das Wasser zunächst in ein quadratisches Beruhigungsbecken, ca. 0,75 × 0,75 m groß, geleitet, dessen Sohle 20 cm tiefer als die Sohle des Abflußkanals liegt. Ein Beruhigungsrechen wurde eingebaut, der Kanal auf 30 cm erweitert und mit Zementmörtel glatt verputzt. Die Sohle des Kanals wurde ausgeglichen und durchweg waagerecht ausgeführt. Am Ende des Kanals wurde ein 1,2 m langer Venturikanal eingebaut, dessen engster Querschnitt eine Breite von 0,18 m erhielt. Auf Grund der gegebenen Verhältnisse ist anzunehmen, daß im Unterwasser des Venturikanals die Unterwassertiefe h_3 etwa gleich der kritischen Wassertiefe h_{kr} wird. Bei $q_v = 0{,}030\ \mathrm{m^3/s}$ und einer Kanalbreite $b_3 = 0{,}30$ m wird

$$h_3 = h_{kr} = \sqrt[3]{\frac{q_v^2}{b_3^2\, g}} = \sqrt[3]{\frac{0{,}030^2}{0{,}3^2 \cdot 9{,}81}} = 0{,}1\ \mathrm{m}$$

und bei einem Verhältnis $h = \frac{h_3}{h_1} = 0{,}8$ wird $h_{1\,\mathrm{min}} = 0{,}125$ m .

Die in Abb. 111 dargestellte Eichkurve, die mit einem Abflußbeiwert $\alpha = 1{,}01$ errechnet wurde, zeigt, daß diese kritische Grenztiefe nicht erreicht wird, so daß stets schießender Abfluß im engsten Querschnitt herrscht und die Oberwassertiefe h_1 ein Maß für den Abfluß darstellt. Die Abflüsse wurden nach der Formel

$$q_v = \alpha \frac{2}{3\sqrt{3}} b_2 \sqrt{2\,g}\, H^{3/2}$$

errechnet, wobei

$$H = h_1 + \frac{v_1^2}{2\,g}$$

gesetzt wurde.

Beispiel 8. In den Zuleitungskanal einer Kläranlage soll ein Venturikanal zur Messung der Abwässer eingebaut werden. Der Zufluß beträgt 100—200 m³/h = 0,0278—0,0556 m³/s und bei Wasserständen von 7—15 cm im 48 cm breiten Kanal wurden mit einem Meßflügel Fließgeschwindigkeiten von 60—85 cm/s festgestellt. Wie aus der Abb. 112 zu ersehen ist, liegt in der Nähe des Venturikanals ein Regenüberfall, der infolge der Einschnürung durch den Venturikanal früher als vorgesehen ansprechen wird. Die Überfallkrone muß daher entsprechend dem gewählten Einschnürungsverhältnis erhöht werden.

Die Berechnung des Venturikanals erfolgte für 4 verschiedene Einschnürungsverhältnisse unter Verwendung eines Durchflußbeiwertes $\alpha = 1{,}01$. Da der Unterwasserspiegel infolge Rückstau stark schwankte und nicht genau ermittelt werden konnte, wurde für den maximalen Abfluß der Wert $h_3 = 0{,}15$ m angenommen und für die Bestimmung von h_1 ein großer Sicherheitszuschlag gewählt. Bei $h = 0{,}68$ wird $h_1 = 0{,}22$ m.

Für $b_2 = \frac{3\sqrt{3}\, q_v}{\alpha\, 2\sqrt{2\,g}\, H^{3/2}}$ ergibt sich $b_2 = 0{,}288$ m. Daher ist $b = \frac{b_2}{b_1} = \frac{0{,}288}{0{,}48} = 0{,}6$.

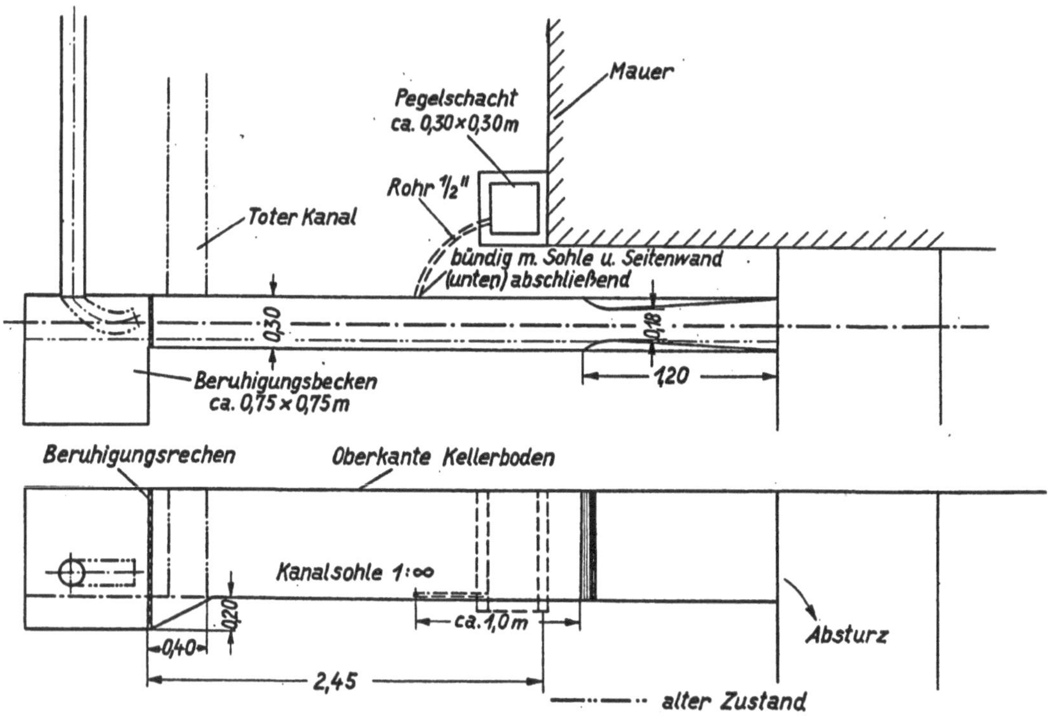

Abb. 110. Venturikanal: Beispiel 7, Grundriß und Schnitt

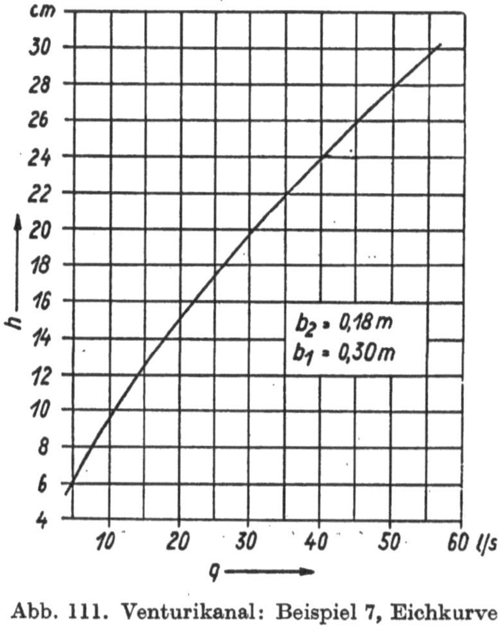

Abb. 111. Venturikanal: Beispiel 7, Eichkurve

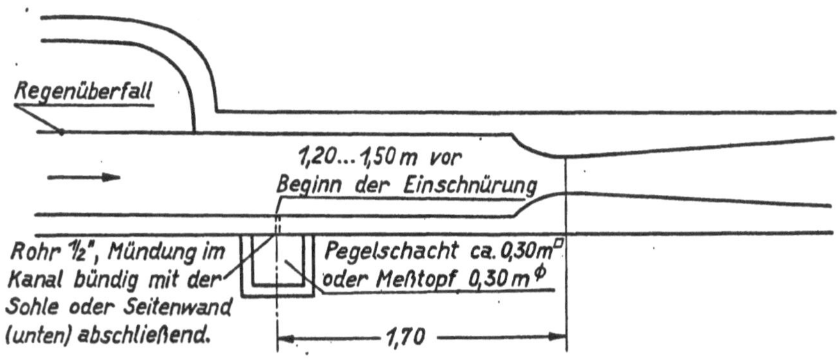

Abb. 112. Venturikanal: Beispiel 8, Skizze für den Einbau des Venturikanals

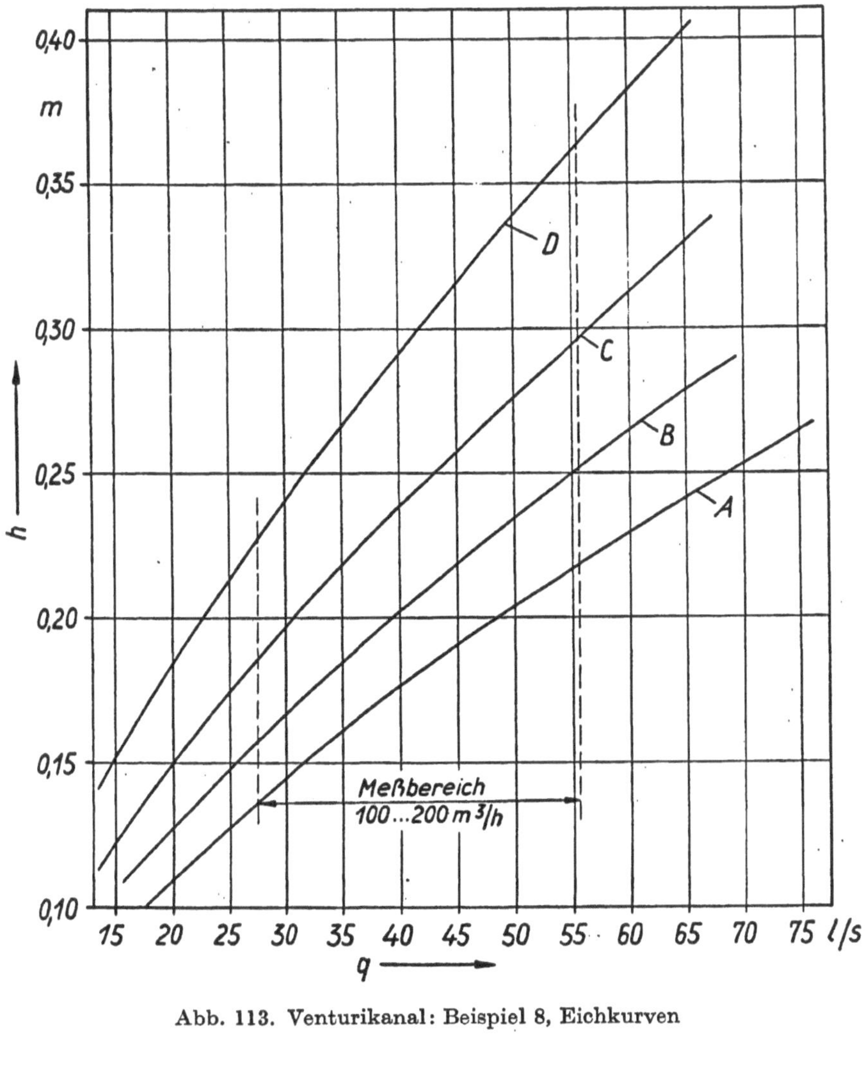

Abb. 113. Venturikanal: Beispiel 8, Eichkurven

Die Abflußkurve für dieses Einschnürungsverhältnis ist in Abb. 113 als Kurve A dargestellt.

Die Kurve B gilt für $b = 0{,}5$, d. h. $b_2 = 0{,}24$ m.
Die Kurve C gilt für $b = 0{,}4$, d. h. $b_2 = 0{,}192$ m.
Die Kurve D gilt für $b = 0{,}3$, d. h. $b_2 = 0{,}144$ m.

Die 4 Kurven zeigen für den Meßbereich von 0,0278 bis 0,0556 m^3/s verschiedene Pegeldifferenzen. Für die Kurve A mit der kleinsten Einschnürung beträgt sie 8—9 cm, für die größte Einschnürung (Kurve D) etwa 13—14 cm. Demnach kann zur Verbesserung der Ablesegenauigkeit der Meßbereich durch Verkleinerung des Einschnürungsverhältnisses von $b = 0{,}6$ an beliebig gewählt werden. Es muß jedoch berücksichtigt werden, daß das kleinste Einschnürungsverhältnis die größte Erhöhung der Krone des Regenüberfalls bedingt. Für die Messung eines maximalen Abflusses von 0,0556 m^3/s muß die Regenüberfallkrone auf die folgenden Maße erhöht werden:

A. 0,22 m über Sohle,
B. 0,26 m über Sohle,
C. 0,30 m über Sohle,
D. 0,37 m über Sohle.

H. Die Normung von Venturikanälen

Die vielen Versuche der Abt. Wasserbau und Schiffahrt der Forschungsanstalt in ihren beiden Versuchsanstalten Potsdam und Karlshorst und die Veröffentlichungen anderer Institute haben gezeigt, daß bei Verwendung der Abflußformel

$$q_v = \alpha \frac{2}{3\sqrt{3}} \sqrt{2\,g}\, b_2\, H^{3/2}$$

unterschiedliche Werte für den Abflußbeiwert α auftreten. Neben der Form des Venturikanals beeinflussen die Schwelle, die Schwellenform, die Größe des Meßgerätes und große Oberwassertiefen den Beiwert α, der Werte von 0,95 bis 1,2 annehmen kann. Infolge dieser Schwankungen ist es schwierig, allgemeine Normen festzulegen. Außerdem ist es bei einer Normung wichtig, die Genauigkeit der Messung festzulegen und das Grenztiefenverhältnis zu berücksichtigen, das bei den verschiedenen Formen des Venturikanals sehr unterschiedlich sein kann. Es können sehr einfache Bauformen gewählt werden, wenn dieses Verhältnis von nicht so großer Bedeutung ist und genügend Druckhöhe zur Verfügung steht. In der Praxis wird in vielen Fällen eine Meßgenauigkeit von 3 bis 5% genügen, die Messungen in den wasserbaulichen Versuchsanstalten erfordern jedoch höhere Genauigkeiten von etwa ½%.

Die Venturikanäle haben im Gegensatz zu den Meßwehren den großen Vorteil, daß geringere Druckhöhenverluste auftreten, so daß ihre Verwendung in den hydraulischen Instituten sehr zweckmäßig ist. Bei der Forderung einer großen Meßgenauigkeit dürfte daher eine vorherige Eichung erforderlich sein. Wird für Abflußmessungen eine ganz bestimmte Type festgelegt, so besteht ohne weiteres die Möglichkeit, vorher durch entsprechende Messungen und Berechnungen Eichkurven aufzustellen. Für die Kontrollmessungen im Labor werden im allgemeinen Eichbleche mit scharfkantigem Überfall verwendet und die Abflüsse mittels der Rehbockschen Formel berechnet. Bei kleinen Abflüssen ist die Wägemethode noch vielfach in Gebrauch. Bei großen Abflüssen werden auch Geschwindigkeitsmessungen mit dem Woltmannflügel durchgeführt.

Die Typung von Wassermeßgefludern

Die Gefluder, künstlich angelegte offene Gerinne, führen die Abwässer aus dem Braunkohlentagebau einem öffentlichen Vorfluter zu. Für die Typung wurden Trapezprofile gewählt, die durch Zusammensetzen von Betonplatten gebildet werden. Für die Breite s der Sohle wurden $s = 0{,}5$ m und $s = 0{,}75$ m gewählt, für den seitlichen Neigungswinkel $\alpha = 60°$. Ferner wurden die Gefälle $i = 0{,}0005$; 0,001; 0,0015; 0,002; 0,0025; 0,003 festgelegt. Für diese festgelegten Werte ergeben sich die in den Abb. 114 und 115 dargestellten Abflußkurven. Die eingezeichneten Parallelen 1—10 zur Abszisse geben für die festgelegten 10 Profile die Tiefe h an, bei der das Profil bei Parallelabfluß zur Sohle bordvoll ist.

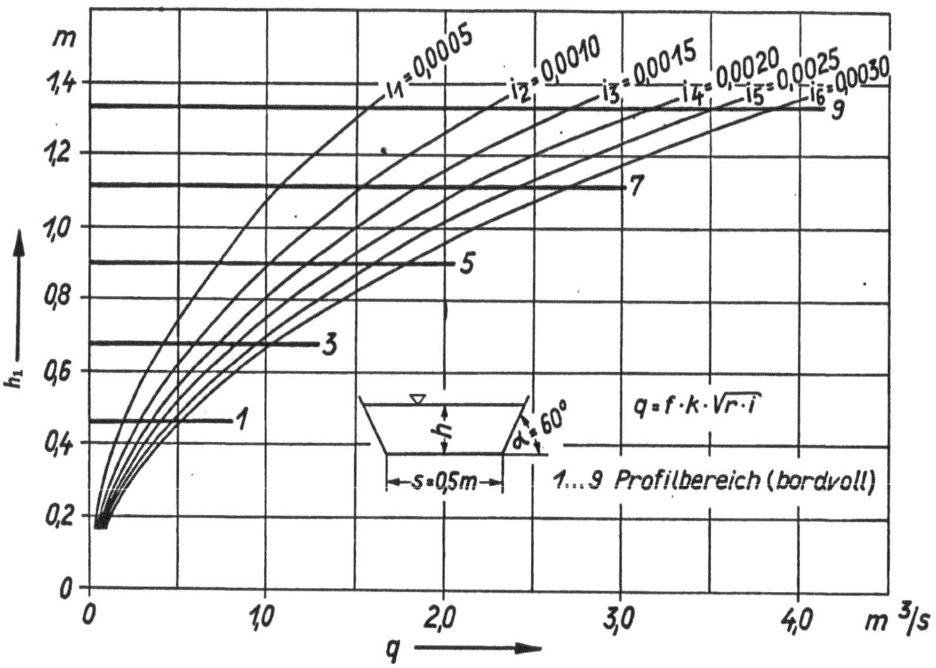

Abb. 114. Abflußkurven für Gefluder, $q = f(h)$

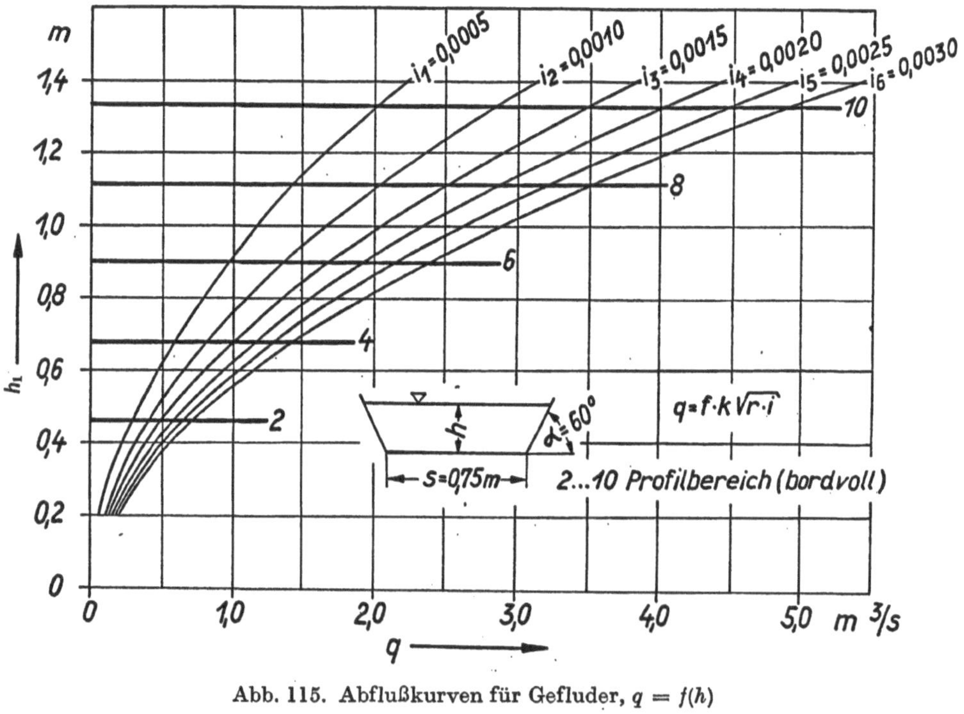

Abb. 115. Abflußkurven für Gefluder, $q = f(h)$

Die Messung der Abflüsse soll durch Venturikanäle ohne Schwelle erfolgen. Um möglichst wenige Typen zu erhalten, wurde für die Venturikanäle das Rechteckprofil gewählt. Es muß in genügender Entfernung vom Meßkanal vom Trapezquerschnitt auf den Rechteckquerschnitt übergegangen werden. Für die Breite b_1 des rechteckigen Zuflußkanals mit horizontaler Sohle ergeben sich bei den gewählten 10 Trapezprofilen 6 verschiedene Größen. Wegen des unterschiedlichen Zuflusses, hervorgerufen durch das jeweilige Gefälle des Gefluders, ist es nicht möglich, für die Venturikanäle stets das gleiche Einschnürungsverhältnis $b = \frac{b_2}{b_1}$ zu verwenden. Wird b klein gewählt, so führt bei großem Gefälle des Gefluders der Venturikanal den maximalen Zufluß nicht ab. Wird b zu groß gewählt, so ist bei kleinem

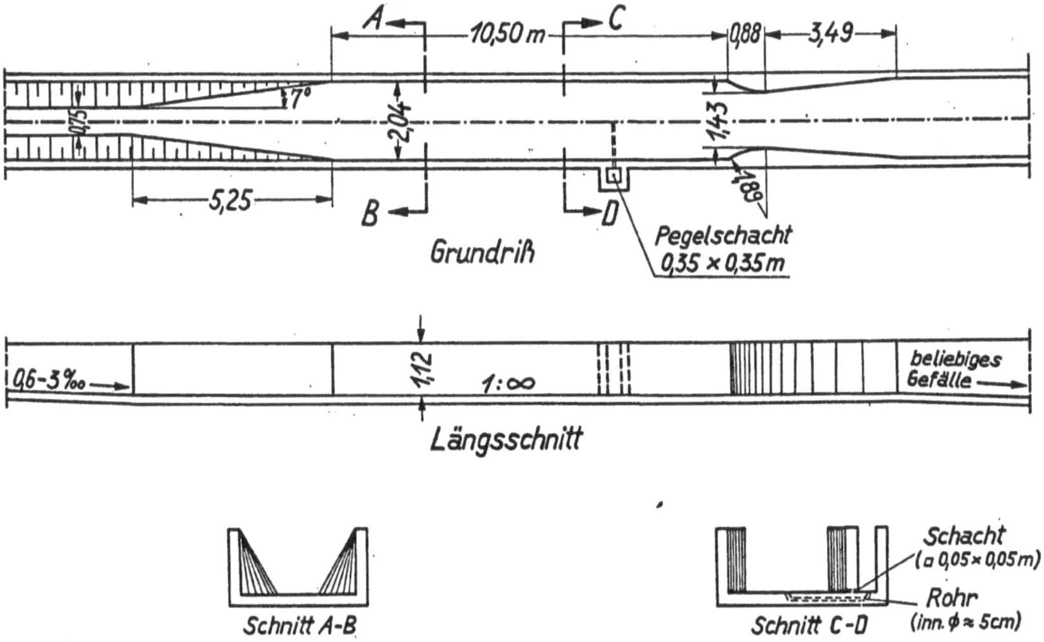

Abb. 116. Venturikanal für Meßgefluder, (Beispiel: $b_1 = 2{,}04$ m, $b_2 = 1{,}43$ m, $s = 0{,}75$ m)

Gefälle im Gefluder nicht mehr die Gewähr für einen schießenden Abfluß im engsten Querschnitt des Venturikanals gegeben. Es wurden daher für jede der 6 Querschnittsbreiten Eichkurven für 4 verschiedene Einschnürungsverhältnisse aufgestellt:

$$b = \frac{b_2}{b_1} = 0{,}4;\ 0{,}5;\ 0{,}6;\ 0{,}7.$$

In Tab. 13 sind die Maße der 24 Venturikanäle angegeben. Die Spalte 12 der Tab. 13 gibt jeweils den maximalen Abfluß q_{max} bei $h_{1\,max}$ an, die Spalte 9 den minimalen Abfluß bei $h_1 = \frac{h_{1\,max}}{3}$ an. Auf Grund des anfallenden Abwasserabflusses und des gegebenen Gefälles kann der günstigste Gefluderquerschnitt und das günstigste Venturiprofil gewählt werden. Mittels der Abflußformel

$$q_v = \alpha \frac{2}{3\sqrt{3}} b_2 \sqrt{2\,g}\; H^{3/2}$$

können die Abflußkurven aufgestellt werden, die die Grundlage für die mechanische Registrierung des Abflusses bilden. Da im Unterwasser genügend Vorflut vorhanden ist, tritt stets schießender Abfluß im engsten Querschnitt ein. Der Abflußbeiwert α wurde auf Grund der Modellversuche der Forschungsanstalt zu $\alpha = 1{,}01$ gesetzt. Eine evtl. Abweichung bis 5% ist bei den vorliegenden Abflußmessungen zulässig. Die Gestaltung des Überganges vom Trapez- auf den Rechteckquerschnitt ist der Abb. 116 zu entnehmen.

Um eine möglichst ruhige Anströmung zum Venturikanal zu erreichen, ist die Strecke zwischen dem Übergangsstück und dem Beginn der Einschnürung etwa doppelt so lang wie das Übergangsstück zu bemessen.

Tabelle 13. Abmessungen der 24 Venturikanäle

1	2	3	4	5	6	7	8	9	10	11	12
Venturi-kanal Nr.	b_1 m	b_2 m	$\frac{b_2}{b_1}$	r m	l_1 m	l_2 m	Geflu-derprofil	$h_{1min} = \frac{h_{1max}}{3}$ m	q_{min} m³/s	h_{max} m	q_{max} m³/s
1	1,04	0,415	0,4	0,810	0,66	3,58	1	0,15	0,042	0,46	0,230
2	1,04	0,520	0,5	0,860	0,59	2,98	1	0,15	0,053	0,46	0,297
3	1,04	0,625	0,6	0,910	0,52	2,38	1	0,15	0,068	0,46	0,369
4	1,04	0,730	0,7	0,960	0,45	1,78	1	0,15	0,075	0,46	0,455
5	1,29	0,515	0,4	1,000	0,82	4,45	2	0,18	0,070	0,46	0,287
							3	0,22	0,094	0,68	0,518
6	1,29	0,645	0,5	1,065	0,73	3,70	2	0,18	0,088	0,46	0,370
							3	0,22	0,120	0,68	0,665
7	1,29	0,775	0,6	1,130	0,64	2,95	2	0,18	0,102	0,46	0,460
							3	0,22	0,150	0,68	0,830
8	1,29	0,905	0,7	1,195	0,55	2,20	2	0,18	0,135	0,46	0,570
							3	0,22	0,180	0,68	1,020
9	1,54	0,615	0,4	1,190	0,98	5,30	4	0,22	0,115	0,68	0,63
							5	0,30	0,180	0,90	0,94
10	1,54	0,770	0,5	1,265	0,87	4,41	4	0,22	0,137	0,68	0,82
							5	0,30	0,230	0,90	1,22
11	1,54	0,925	0,6	1,340	0,76	3,52	4	0,22	0,180	0,68	0,99
							5	0,30	0,285	0,90	1,50
12	1,54	1,080	0,7	1,415	0,65	2,63	4	0,22	0,218	0,68	1,20
							5	0,30	0,355	0,90	1,84
13	1,79	0,715	0,4	1,390	1,15	6,165	6	0,30	0,203	0,90	1,09
							7	0,37	0,285	1,12	1,52
14	1,79	0,895	0,5	1,480	1,02	5,13	6	0,30	0,260	0,90	1,40
							7	0,37	0,380	1,12	1 94
15	1,79	1,075	0,6	1,570	0,89	4,095	5	0,30	0,307	0,90	1,77
							7	0,37	0,460	1,12	2,43
16	1,79	1,255	0,7	1,660	0,76	3,06	6	0,30	0,410	0,90	2,14
							7	0,37	0,600	1,12	2,94
17	2,04	0,815	0,4	1,580	1,30	7,03	8	0,37	0,32	1,12	1,73
							9	0,44	0,43	1,33	2,25
18	2,04	1,020	0,4	1,680	1,16	5,85	8	0,37	0,42	1,12	2,27
							9	0,44	0,56	1,33	2,86
19	2,04	1,225	0,6	1,780	1,02	4,67	8	0,37	0,51	1,12	2,76
							9	0,44	0,67	1,33	3,56
20	2,04	1,430	0,7	1,880	0,88	3,49	8	0,37	0,61	1,12	3,18
							9	0,44	0,80	1,33	4,35
21	2,29	0,015	0,4	1,780	1,46	7,88	10	0,44	0,48	1,33	2,52
22	2,29	1,145	0,5	1,895	1,31	6,56	10	0,44	0,62	1,33	3,25
23	2,29	1,375	0,6	2,010	1,16	5,24	10	0,44	0,75	1,33	4,00
24	2,29	1,605	0,7	2,125	1,01	3,92	10	0,44	0,95	1,33	4,88

I. Venturikanäle mit nicht rechteckigem Profil

1. Theoretische Betrachtungen über Dreieck- und Trapezprofile

a) Das Dreieckprofil

Der Zulauf habe einen rechteckigen Querschnitt, die Einschnürung sei ein Dreieckprofil. Geht man von der Bernoullischen Gleichung aus, so wird

$$H = h_1 + \frac{v_1^2}{2g} = h_2 + \frac{v_2^2}{2g}, \quad \text{wobei} \quad v_1 = \frac{q}{f_1}, \; v_2 = \frac{q}{f_2}$$

zur Abkürzung gesetzt wurde.

Es gilt

$$f_1 = b_1 (h_1 + w)$$

für den Rechteckquerschnitt,

$$f_2 = \frac{b_2 h_2}{2} = h_2^2 \operatorname{tg} \frac{\beta}{2}$$

für die Dreieckform im engsten Querschnitt (s. Abb. Prinzipskizze 117)

$$h_1 + \frac{q^2}{b_1^2 (h_1 + w)^2 \, 2g} = h_2 + \frac{q^2}{h_2^4 \operatorname{tg}^2 \frac{\beta}{2} \, 2g},$$

$$\frac{q^2}{h_2^4 \operatorname{tg}^2 \frac{\beta}{2}} \left(1 - \frac{h_2^4 \operatorname{tg}^2 \frac{\beta}{2}}{b_1^2 (h_1 + w)^2} \right) = 2g (h_1 - h_2),$$

$$q_v = \alpha \frac{h_2^2 \operatorname{tg} \frac{\beta}{2} \sqrt{2g (h_1 - h_2)}}{\sqrt{1 - \frac{h_2^4 \operatorname{tg}^2 \frac{\beta}{2}}{b_1^2 (h_1 + w)^2}}}.$$

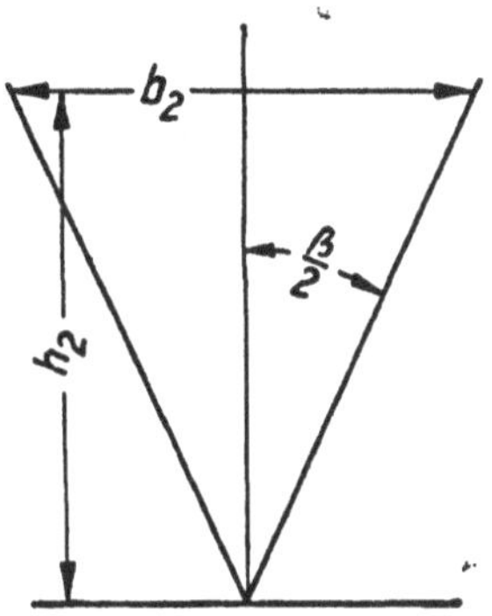

Abb. 117.
Prinzipskizze: Dreieckprofil

Für den Fall des vollkommenen Abflusses, d. h. für schießende Strömung im engsten Querschnitt kann die Abflußgleichung wie folgt vereinfacht werden:

$$q = v_2 f_2 = h_2^2 \operatorname{tg} \frac{\beta}{2} \sqrt{2g (H - h_2)},$$

$$q^2 = h_2^4 \operatorname{tg}^2 \frac{\beta}{2} (2gH - 2g h_2),$$

$$q^2 = 2gH h_2^4 \operatorname{tg}^2 \frac{\beta}{2} - 2g h_2^5 \operatorname{tg}^2 \frac{\beta}{2},$$

$$2q\,dq = \left(8gH \operatorname{tg}^2 \frac{\beta}{2} h_2^3 - 10g \operatorname{tg}^2 \frac{\beta'}{2} h_2^4 \right) dh_2.$$

$\frac{dq}{dh_2} = 0$ gesetzt, ergibt die minimale Energiehöhe

$$H = \frac{5}{4} h_2, \quad \text{bzw.} \quad h_2 = \frac{4}{5} H,$$

$$q = h_2^2 \operatorname{tg} \frac{\beta}{2} \sqrt{2 g \left(H - \frac{4}{5} H\right)},$$

$$q = \frac{16}{25} \operatorname{tg} \frac{\beta}{2} H^2 \frac{\sqrt{2 g H}}{\sqrt{5}} = \frac{16}{25 \sqrt{5}} \operatorname{tg} \frac{\beta}{2} \sqrt{2 g}\, H^{5/2},$$

$$q = 1{,}265 \operatorname{tg} \frac{\beta}{2} H^{5/2}.$$

b) Das Trapezprofil

Nach Bernoulli ist: Methode 1)

$$h_1 + \frac{v_1^2}{2 g} = h_2 + \frac{v_2^2}{2 g} = H,$$

unter Verwendung der Gleichungen

$$v_1 = \frac{q}{b_1 (h_1 + w)} \quad \text{und} \quad v_2 = \frac{q}{h_2 (b_2' + h_2 \operatorname{ctg} \beta)},$$

(s. Abb. 118) wird

$$h_1 + \frac{q^2}{2 g b_1^2 (h_1 + w)^2} = h_2 + \frac{q^2}{2 g h_2^2 (b_2' + h_2 \operatorname{ctg} \beta)^2},$$

$$2 g (h_1 - h_2) = q^2 \left(\frac{1}{h_2^2 (b_2' + h_2 \operatorname{ctg} \beta)^2} - \frac{1}{b_1^2 (h_1 + w)^2}\right),$$

und

$$2 g (h_1 - h_2) = \frac{q^2}{h_2^2 (b_2' + h_2 \operatorname{ctg} \beta)^2} \left(1 - \frac{h_2^2 (b_2' + h_2 \operatorname{ctg} \beta)^2}{b_1^2 (h_1 + w)^2}\right).$$

$$q_v = \alpha \frac{h_2 (b_2' + h_2 \operatorname{ctg} \beta) \sqrt{2 g (h_1 - h_2)}}{\sqrt{1 - \frac{h_2^2 (b_2' + h_2 \operatorname{ctg} \beta)^2}{b_1^2 (h_1 + w)^2}}}.$$

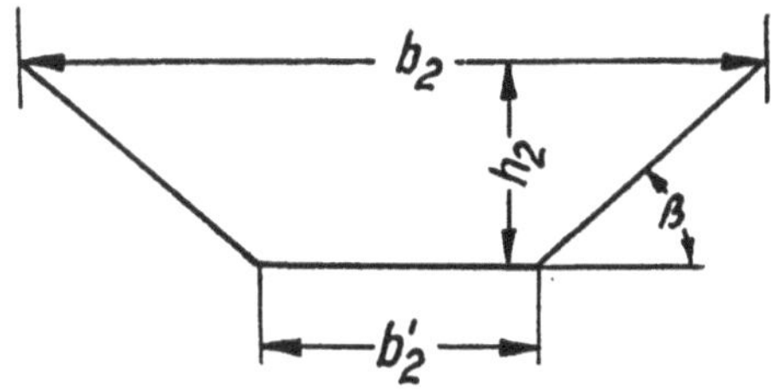

Abb. 118. Prinzipskizze: Trapezprofil

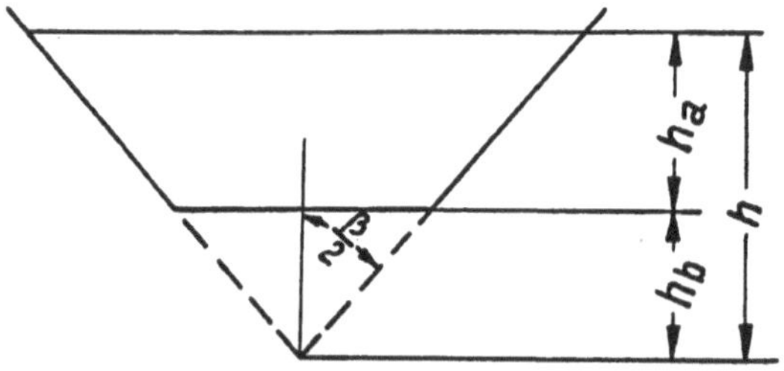

Abb. 119. Prinzipskizze: Dreieck-Trapezprofil

Dies ist die allgemeine Abflußgleichung. Unter der Voraussetzung des vollkommenen Abflusses, d. h. bei schießender Strömung im engsten Querschnitt, kann noch folgende Umformung vorgenommen werden:

$$f_2 = h_2^2 \operatorname{ctg} \beta + h_2 b_2',$$

$$q = f_2 v_2 = f_2 \sqrt{2 g (H - h_2)} = (h_2^2 \operatorname{ctg} \beta + h_2 b_2') \sqrt{2 g (H - h_2)},$$

$$q^2 = 2 g H (h_2^4 \operatorname{ctg}^2 \beta + 2 h_2^3 b_2' \operatorname{ctg} \beta + h_2^2 b_2'^2)$$
$$- 2 g (h_2^5 \operatorname{ctg}^2 \beta + 2 h_2^4 \cdot b_2' \operatorname{ctg} \beta + h_2^3 b_2'^2).$$

Bildet man $\frac{dq}{dh_2}$ und setzt diese Größe gleich Null, so wird

$$H = \frac{2{,}5\, h_2^3 \operatorname{ctg}^2 \beta + 4\, h_2^2 b_2' \operatorname{ctg} \beta + 1{,}5\, h_2 b_2'^2}{2\, h_2^2 \operatorname{ctg}^2 \beta + 3\, h_2 b_2' \operatorname{ctg} \beta + b_2'^2}\,.$$

Sind b_2' und ctg β bekannt, so läßt sich die Beziehung zwischen H und h_2 bestimmen und $h_2 = f(H)$ kann in die obige Abflußgleichung $q = (h_2^2 \operatorname{ctg} \beta + h_2 b_2') \sqrt{2\, g\, (H - h_2)}$ eingesetzt werden.

Methode 2)

Berechnet man das Trapezprofil mit der Höhe h_a gemäß Abb. 119 als die Differenz der Dreieckprofile mit den Höhen h und h_b, so wird der Abfluß durch das Trapezprofil wie folgt gegeben:

$$q_{th} = 1{,}265 \operatorname{tg} \frac{\beta}{2} \left[H^{5/2} - H_b^{5/2}\right].$$

2. Modellversuche in der Versuchsanstalt Karlshorst

Modellversuche in der Versuchsanstalt Karlshorst

a) trapezförmiger Querschnitt,

b) dreieckiger Querschnitt.

Zu a): In die 10 m lange, 40 cm breite und hohe Glasrinne wurde ein Venturikanal mit trapezförmigem Querschnitt ohne Schwelle gemäß Abb. 120—124 eingebaut. Die Einschnürung zum engsten Querschnitt erfolgte allmählich und auch die diffusorartige Erweiterung wurde verhältnismäßig lang ausgeführt. Gemäß der vorhergehenden theoretischen Entwicklung für das Trapezprofil kann unter Verwendung der nunmehr bekannten Größen $b_2' = 0{,}0665$ m und ctg $\beta = 0{,}299$ eine Beziehung zwischen H und h_2 aufgestellt und q berechnet werden. Die folgende Tab. 14a gibt einen Überblick über die nach 1 *b* 1 errechneten theoretischen Werte. Tab. 14b enthält die nach dem Verfahren 1 *b* 2 ermittelten theoretischen Werte. Hierbei wurde bei der Bestimmung von H_a stets die gleiche Geschwindigkeitshöhe wie für die Ermittlung von H verwendet.

Tabelle 14a. Rechnungswerte nach Methode 1 b_1 für Trapezprofil

h_2	H	q
m	m	m³/s
0,05	0,071	0,00261
0,1	0,139	0,00844
0,15	0,203	0,017
0,2	0,268	0,029
0,25	0,33	0,044
0,3	0,396	0,0644

Tabelle 14b. Rechnungswerte nach Methode 1 b_2 für Trapezprofil

h_a	H_a	q
m	m	m³/s
0,05	0,0628	0,0027
0,10	0,117	0,00714
0,15	0,1707	0,01351
0,20	0,225	0,022
0,25	0,279	0,033
0,30	0,3327	0,0465
0,35	0,387	0,0633

Auf Abb. 125 sind die durch die Rechnung und durch den Modellversuch ermittelten Abflüsse q und q_v in Abhängigkeit von H aufgetragen. Es wurde außerdem die Beziehung $\alpha = f(H)$ für beide Berechnungsverfahren eingetragen. Das Grenztiefenverhältnis $h = \frac{h_3}{h_1}$ liegt bei $\approx 0{,}8$ und der Abflußbeiwert liegt bei größeren Überströmungshöhen über 1. So-

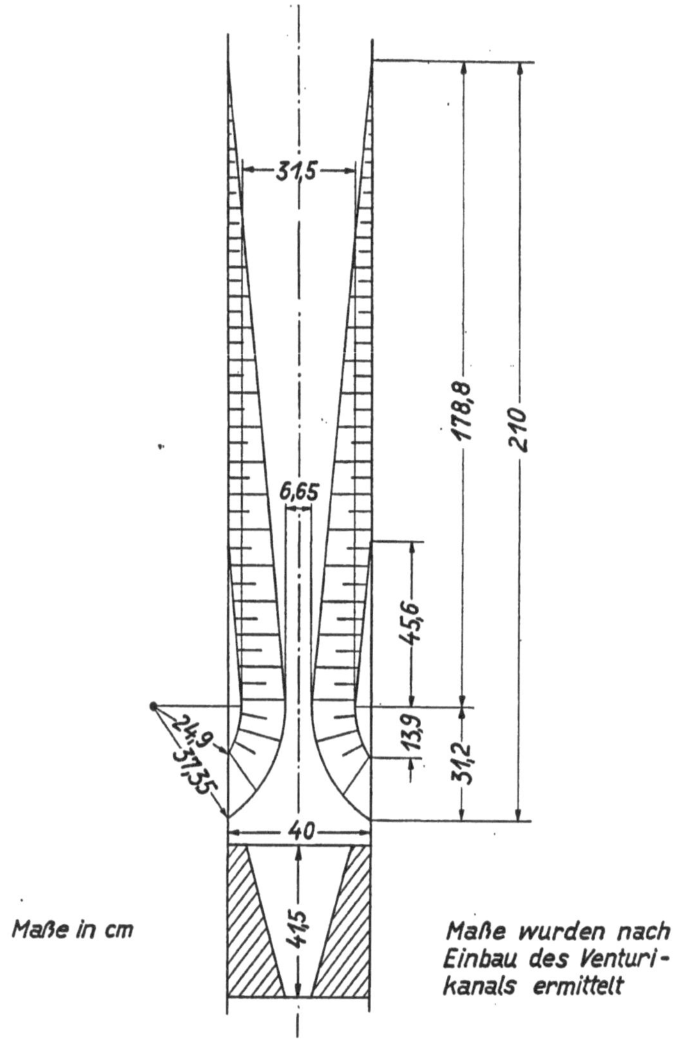

Abb. 120. Abmessung des Venturikanals mit Trapezquerschnitt

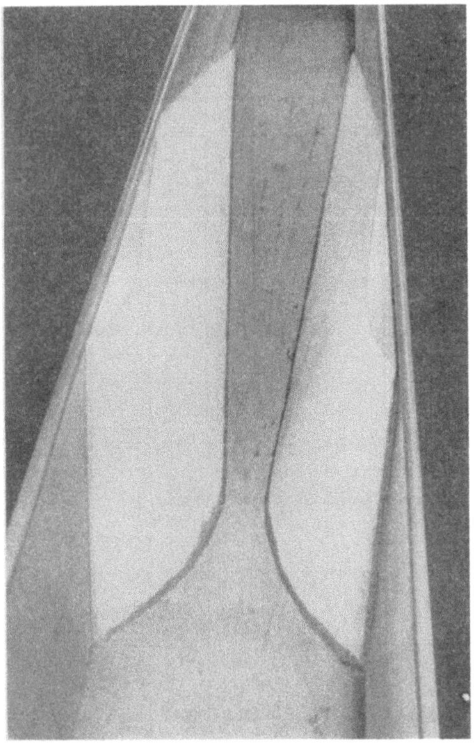

Abb. 121. Ansicht des Venturikanals mit Trapezquerschnitt vom Oberwasser

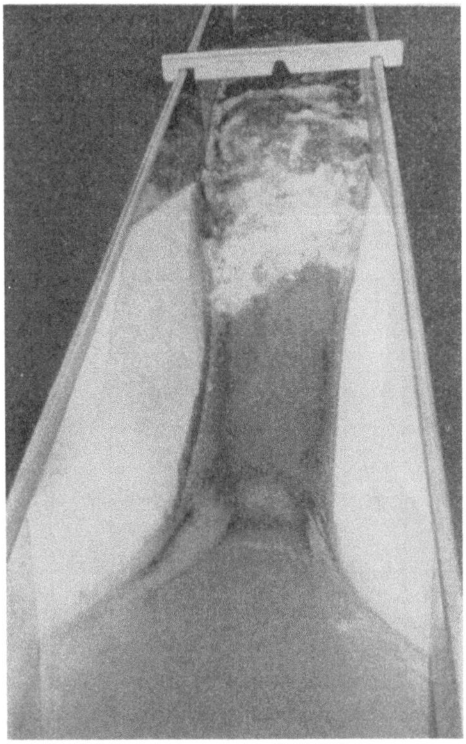

Abb. 122. Ansicht des Venturikanals mit Trapezquerschnitt vom Oberwasser

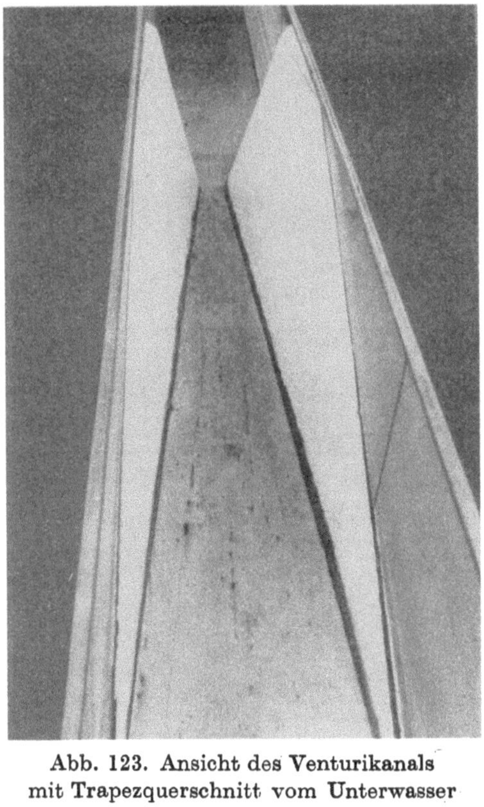

Abb. 123. Ansicht des Venturikanals mit Trapezquerschnitt vom Unterwasser

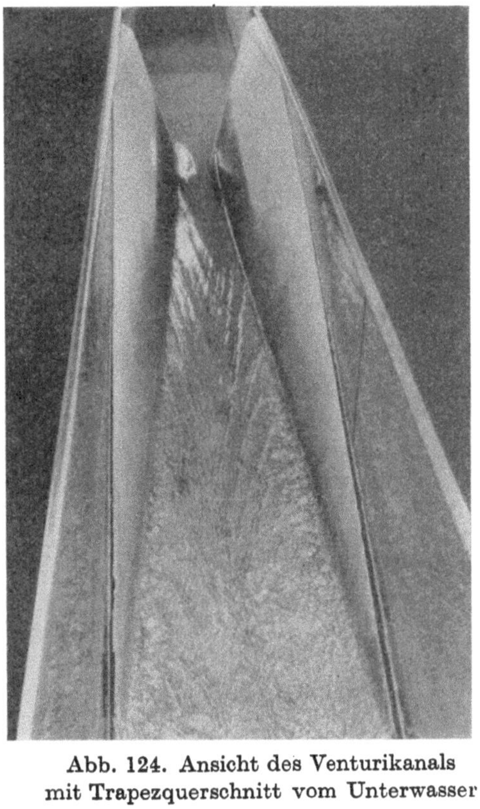

Abb. 124. Ansicht des Venturikanals mit Trapezquerschnitt vom Unterwasser

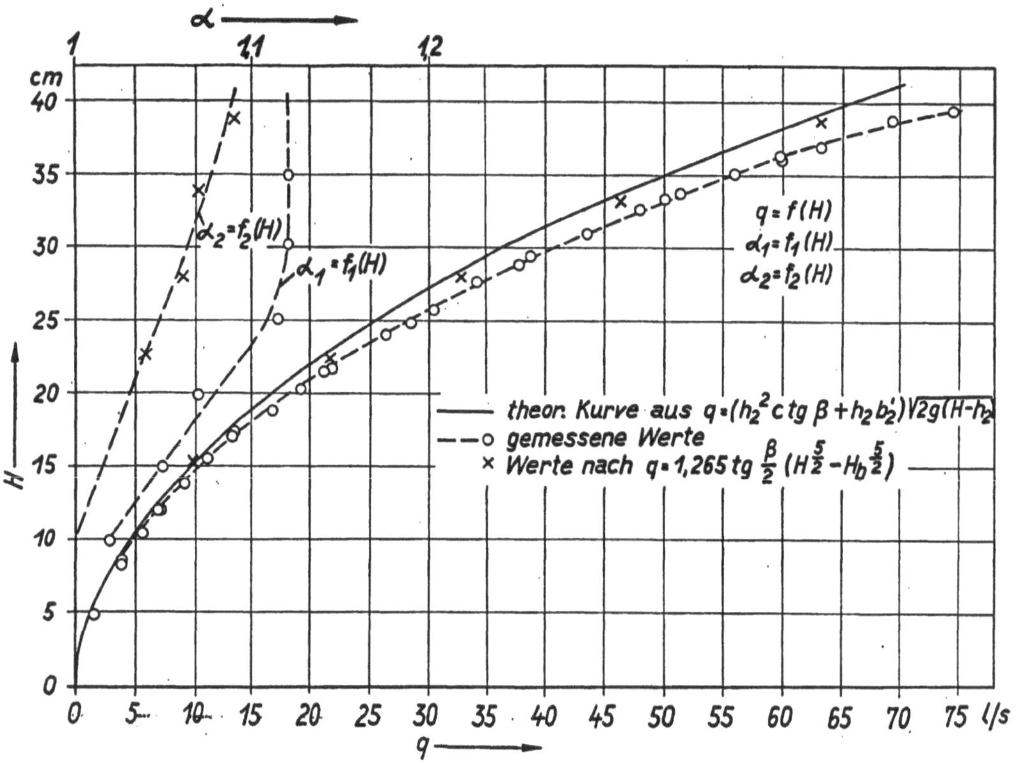

Abb. 125. Venturikanal mit Trapezquerschnitt, $q = f(H)$

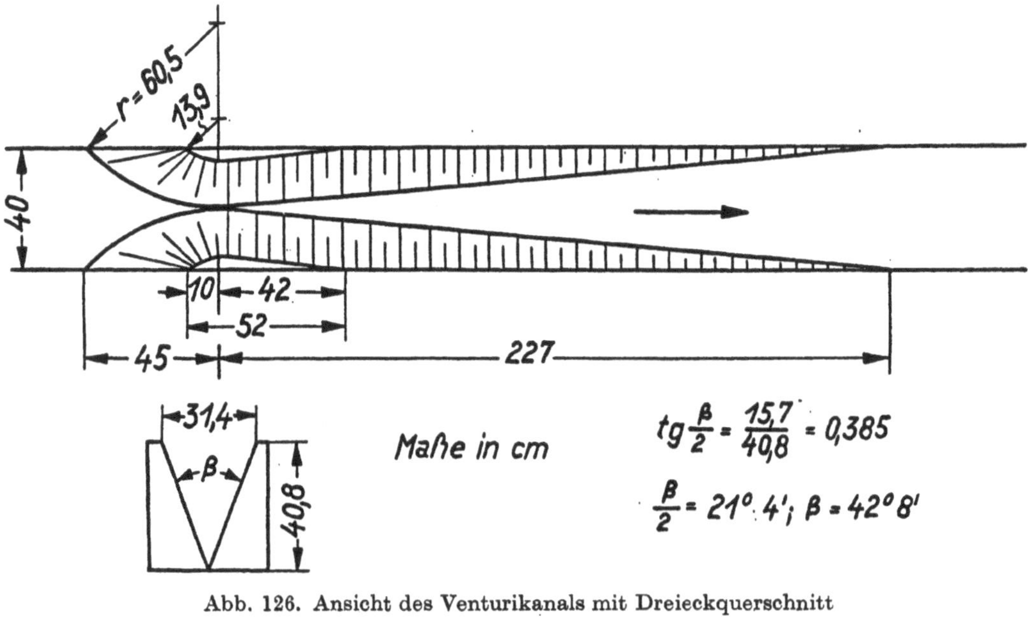

Abb. 126. Ansicht des Venturikanals mit Dreieckquerschnitt

mit erscheint im Gegensatz zum rechteckigen Durchflußquerschnitt die geböschte Ausführung der Seitenwände im Bereich des engsten Querschnittes den Abfluß ähnlich wie die Sohlschwelle bei größeren Überströmungshöhen zu beeinflussen. Die trapezförmige Ausführung ermöglicht auch die einwandfreie Messung kleiner Abflüsse, da der Durchflußquerschnitt mit abnehmender Wassertiefe nicht nur der Höhe, sondern auch der Seite nach verkleinert wird. Die seitliche Einengung kann durch Verkleinerung von b_2' bis $\to 0$ beliebig verstärkt werden. Es wurde daher anschließend als Extremfall das dreieckige Durchflußprofil mit $b_2' = 0$ untersucht.

Zu b): Dreieckiger Querschnitt. In die 10 m lange, 40 cm breite und hohe Glasrinne wurde gemäß Abb. 126 ein Venturikanal mit dreieckigem Querschnitt eingebaut. Die Abb. 127 bis 130 zeigen 4 Lichtbilder des Modells. Wie bei den anderen Versuchen wurde außer der Überströmungshöhe h am Eichblech die Wassertiefe h_1 im Oberwasser vor der Einschnürung des Venturikanals gemessen. Der Zufluß wurde mittels der Rehbockschen Formel (s. Kapitel D 1) bestimmt. Die im Kapitel *J* 1 b entwickelte Formel $q_v = \alpha\, 1{,}265 \operatorname{tg} \frac{\beta}{2} H^{5/2}$ diente zur Bestimmung des Abflußbeiwertes α. Die Ergebnisse sind in der nachstehenden Tab. 15 zusammengestellt.

Tabelle 15. Venturikanal mit Dreieckquerschnitt

1	2	3	4	5	6	7	8
	h Eichblech	q_v	h_1	$b_1 \cdot h_1 = f_1$	$\frac{v_1^2}{2g}$	H	α
—	m	$m^3\,s^{-1}$	m	m^2	m	m	—
1	0,0203	0,00343	0,1363	0,0545	0,000203	0,1365	1,023
2	0,0258	0,00482	0,1557	0,0623	0,000306	0,1560	1,06
3	0,0325	0,00675	0,1756	0,0702	0,000471	0,1761	1,065
4	0,0402	0,00925	0,2002	0,0800	0,000682	0,2009	1,05
5	0,0465	0,0115	0,2160	0,0864	0,000902	0,2169	1,075
6	0,0514	0,01336	0,2288	0,0915	0,001086	0,2299	1,082
7	0,0605	0,0171	0,2535	0,1014	0,00145	0,2550	1,07
8	0,0698	0,02125	0,2742	0,1097	0,00192	0,2761	1,09
9	0,0796	0,026	0,2965	0,1186	0,00246	0,2990	1,095
10	0,0890	0,03055	0,3168	0,1277	0,00293	0,3197	1,085
11	0,0970	0,0352	0,3335	0,1334	0,00356	0,3371	1,095
12	0,1070	0,0412	0,3536	0,1414	0,00433	0,3579	1,103
13	0,1152	0,0462	0,3682	0,1473	0,00503	0,3732	1,11

$$q_v = \alpha \cdot 1{,}265 \operatorname{tg} \frac{\beta}{2} \cdot H^{5/2}$$

Eichblech: $b = 0{,}6$ m, $w = 0{,}18$ m

$$\alpha = \frac{q_v}{H^{5/2}} \cdot \frac{1}{1{,}265 \operatorname{tg} \frac{\beta}{2}}$$

$b_1 = 0{,}4$ m

$\beta = 42°08'$, $\quad \operatorname{tg}^{\beta/2} = 0{,}385$

$$\frac{1}{1{,}265 \cdot \operatorname{tg}^{\beta/2}} = 2{,}055$$

Die graphische Darstellung $q = f(H)$ der Abb. 131 zeigt, daß, wie beim trapezförmigen Querschnitt, der Abflußbeiwert α mit zunehmender Wassertiefe h_1 steigt. Für $h_1 = 0{,}368$ m wurde z. B. der Wert $\alpha = 1{,}11$ ermittelt. Besonders bemerkenswert ist hierbei, daß der

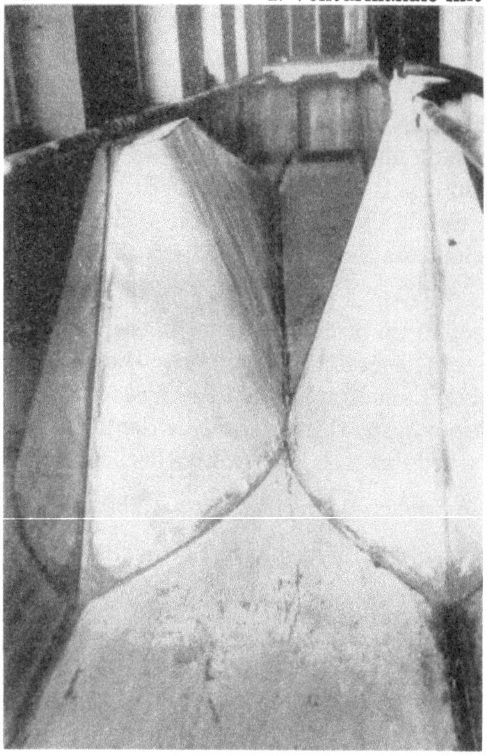

Abb. 127. Ansicht des Venturikanals mit Dreieckquerschnitt vom Oberwasser

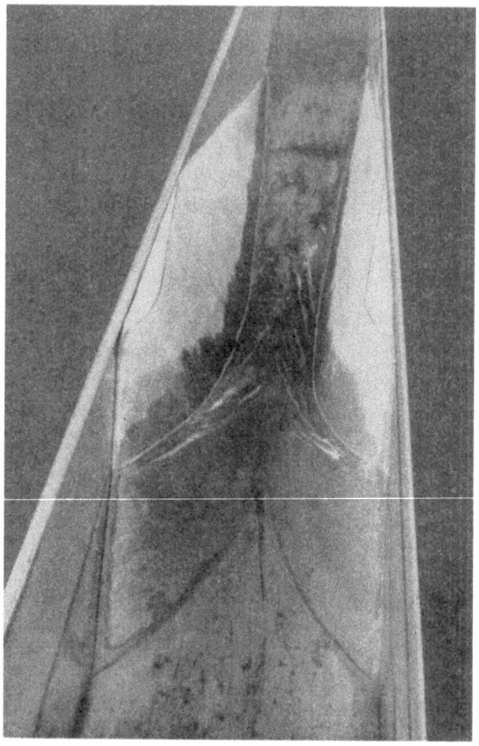

Abb. 128. Ansicht des Venturikanals mit Dreieckquerschnitt vom Oberwasser

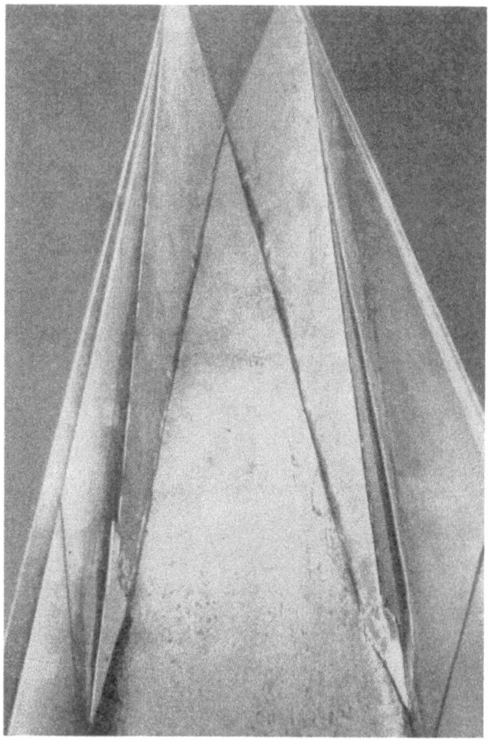

Abb. 129. Ansicht des Venturikanals mit Dreieckquerschnitt vom Unterwasser

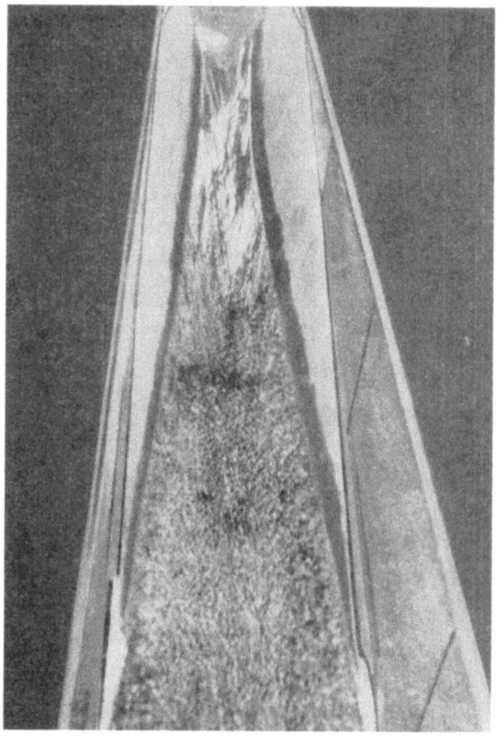

Abb. 130. Ansicht des Venturikanals mit Dreieckquerschnitt vom Unterwasser

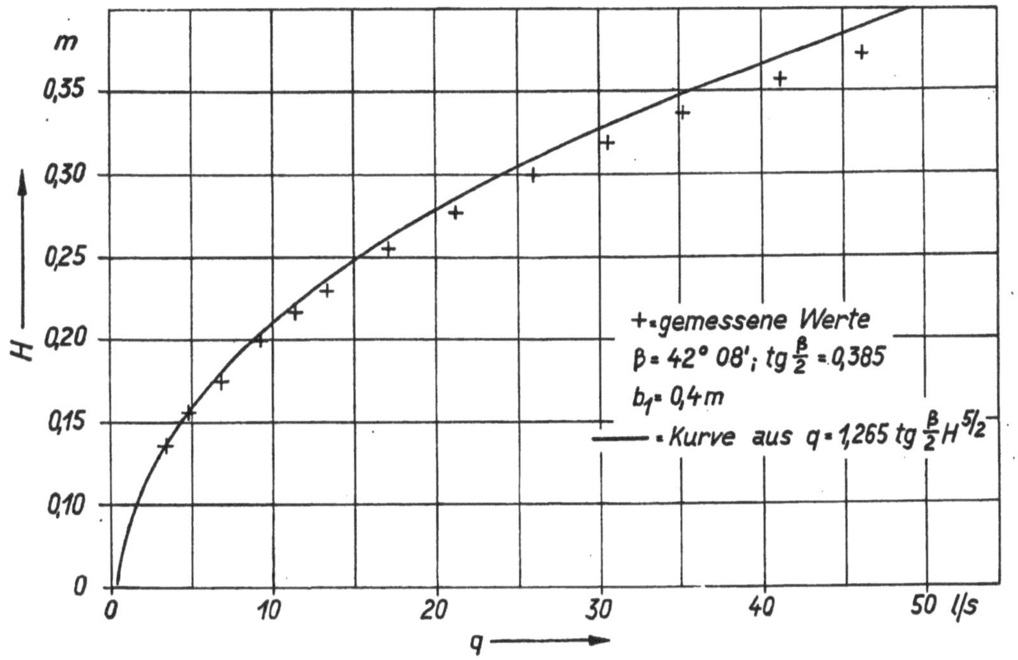

Abb. 131. Venturikanal mit Dreieckquerschnitt, $q = f(H)$

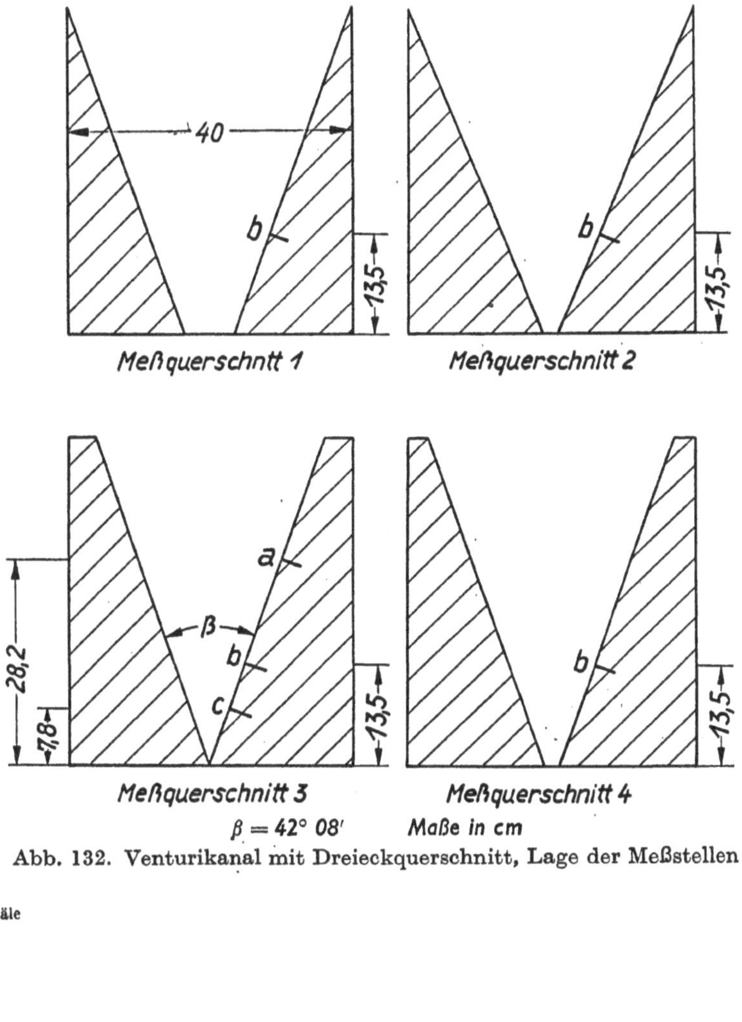

Abb. 132. Venturikanal mit Dreieckquerschnitt, Lage der Meßstellen

α Wert größer als 1 wird. Gemäß der Untersuchungen im Kapitel D 4 muß daher angenommen werden, daß an den geneigten Wänden im engsten Querschnitt Unterdrücke wie bei einer Schwelle auftreten, daß somit die beiden geneigten Seitenwände die Wirkung einer Sohlschwelle zeigen. Um die Druckverteilung mit der Wassertiefe zu vergleichen, wurde im Bereich des engsten Querschnittes der auftretende Druck an mehreren Stellen der einen Seitenwand mittels eines Wassersäulenmanometers gemessen und die zugehörige Wassertiefe unter Verwendung einer Meßbrücke und einer Meßnadel bestimmt. Die Seiten-

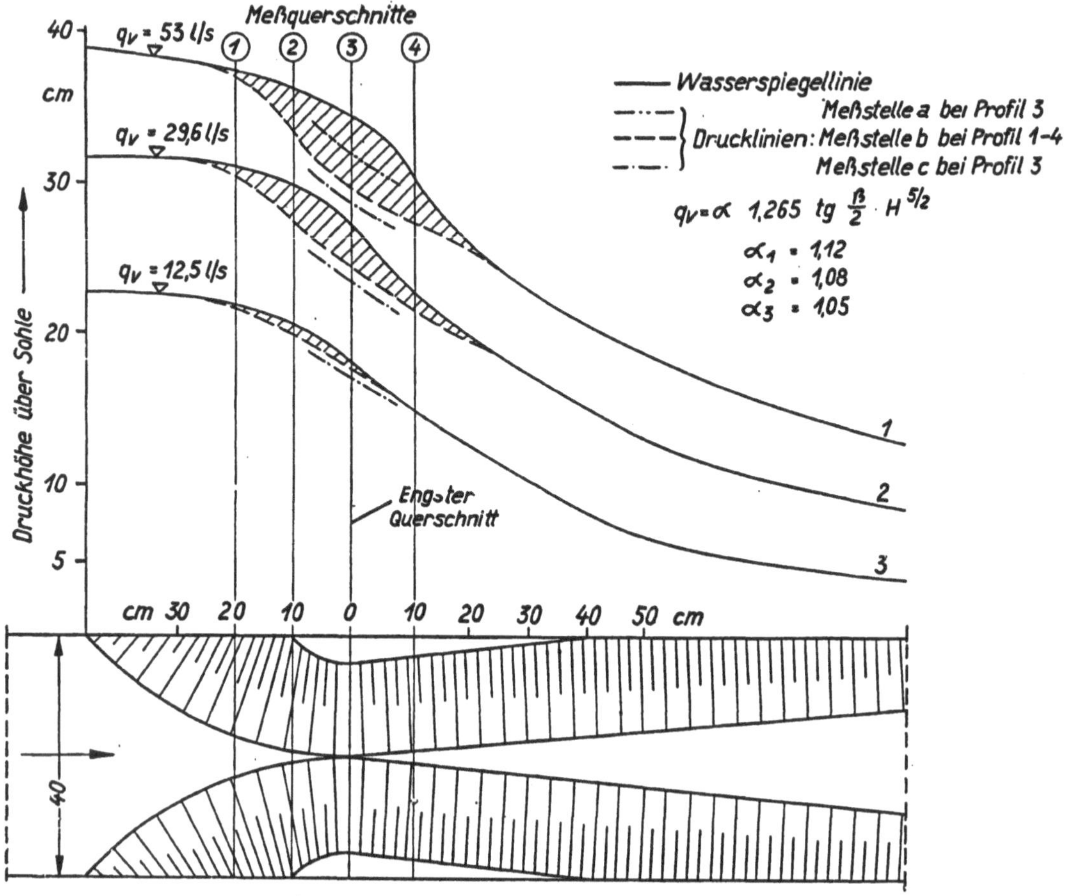

Abb. 133. Venturikanal mit Dreieckquerschnitt, Verlauf der Wasserspiegel- und Drucklinien

wand hatte daher im engsten Querschnitt drei übereinanderliegende Anbohrungen und vor und hinter dem engsten Querschnitt ebenfalls Anbohrungen (s. Abb. 132), die durch Manometerleitungen mit dem Wassersäulenmanometer verbunden waren. Die ermittelten Wasserspiegel- und Drucklinien sind in der Abb. 133 zusammengestellt. Mit steigendem Abfluß wird der Unterschied beider Linien immer größer und gleichzeitig steigt auch der Abflußbeiwert.

3. Der Einfluß des Gefälles im Zulaufkanal

Der im Abschnitt J 2 eingehend in der 40 cm breiten und 10 m langen schwenkbaren Glasrinne untersuchte Venturikanal mit trapezförmigem Querschnitt wurde für weitere Messungen mit verschiedenem Sohlgefälle verwendet. Da der Venturikanal in einer schwenkbaren Glasrinne eingebaut war, konnte sofort jedes gewünschte Gefälle eingestellt werden. Der Venturikanal stellt eine Querschnittseinengung dar und es tritt dadurch ein Stau im Oberwasser ein. Dieser Rückstau hängt von der gewählten Einschnürung, dem Zufluß und dem Sohlgefälle ab und die Staukurve läßt sich, wenn strömender Zufluß vorhanden ist, nach einem rechnerischen oder zeichnerischen Verfahren bestimmen. Es wird zur Ermittlung der Staukurve auf die in der Literatur angegebenen allgemein bekannten Verfahren bzw. auf die Arbeiten des Verfassers [3] und die von Wonig [25] hingewiesen. Aus den bisherigen Untersuchungen ist zu ersehen, daß für Venturikanäle mit rechteckigem und nicht rechteckigem Querschnitt die Oberwassertiefe h_1 bei gegebenem Zufluß und gegebener Einschnürung bestimmt werden kann. Diese Wassertiefe stellt die Ausgangsgröße für die Berechnung der Staukurve für jedes beliebige Sohlengefälle dar. Unter Berücksichtigung der Größen aus Abb. 134 ist es nach der Gleichung von Bernoulli möglich, die Gleichung

$$h_1 + \frac{v_1^2}{2g} + i_e \Delta e = h_2 + \frac{v_2^2}{2g} + i_s \Delta e$$

schrittweise bei gegebenem Abfluß q, dem Sohlengefälle i_s, einem den gegebenen Verhältnissen gewählten Rauhigkeitsbeiwert k und unter Verwendung der Formel von Brahms-Checy $v = k\sqrt{r\,i_e}$ für jedes Intervall zu erfüllen und dadurch h_2 zu bestimmen.

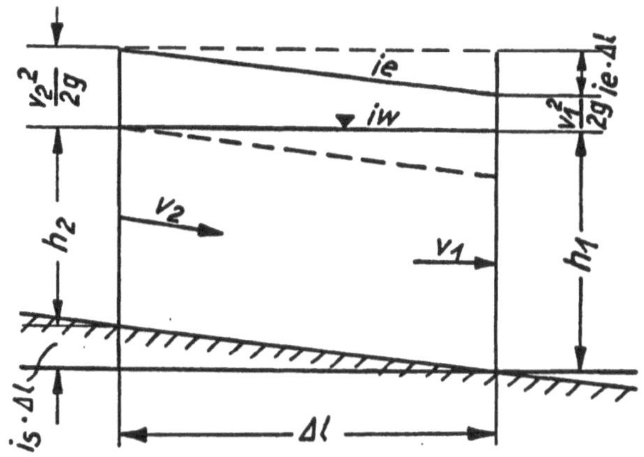

Abb. 134. Prinzipskizze der Staukurve

Durch schrittweises Fortsetzen dieses Verfahrens auf rechnerischem oder zeichnerischem Wege ergeben sich die für die Aufstellung der Staukurve benötigten Wassertiefen. Es wird immer möglich sein, die Einschnürung so zu wählen, daß die Zuflußgeschwindigkeit v_1 vor der Einschnürung kleiner als die Grenzgeschwindigkeit $c = \sqrt{g\,r_1}$ wird, die den Übergang von dem strömenden Zustand in das Schießen anzeigt. Bleibt man also mit der Zuflußgeschwindigkeit v_1 noch etwas unter der Grenzgeschwindigkeit c, so stellt sich vor dem Venturikanal auf jeden Fall ein strömender Zufluß ein. Bei einer Verstärkung des Gefälles im Zufluß tritt Schießen ein, wenn $v_1 > c$. In diesem Fall wird in einer bestimmten Entfernung vor dem Venturikanal der Übergang von Schießen in Strömen unter Bildung eines Wechselsprunges auftreten. Es ist zweckmäßig, daß sich der Wechselsprung in genügender Entfernung von der Einschnürung bildet, damit das Wasser weitgehend beruhigt dem engsten Querschnitt zuströmt und eine einwandfreie Messung der Oberwassertiefe und somit der Bestimmung des Abflusses möglich ist. Die in der Versuchsanstalt Karlshorst durchgeführten und nachstehend behandelten Untersuchungen hatten zum Ziel, diese Verhältnisse bei schießendem Zufluß zu klären. Die Bestimmung des Abflusses q erfolgte durch Messung der Überströmungshöhe h über einem 60 cm breiten Eichblech mit horizontaler, scharfkantiger Krone und unter Verwendung der Formel von Rehbock. Gemäß der Skizze Abb. 135 wurde die Wassertiefe an 5 Stellen unter Verwendung einer Meßbrücke und einer Meßnadel gemessen.

Für ein Sohlgefälle $i = 1:35{,}3$ ergaben sich die in der folgenden Tab. 16 zusammengestellten Werte.

Die gleichen Werte wurden für die Gefälle $i = 1:40{,}6$; $1:49{,}7$; $1:67{,}5$ ermittelt. Abb. 136 zeigt die Lage des Wechselsprunges, bezogen auf den engsten Querschnitt in Abhängigkeit vom Zufluß für die 4 Gefälle.

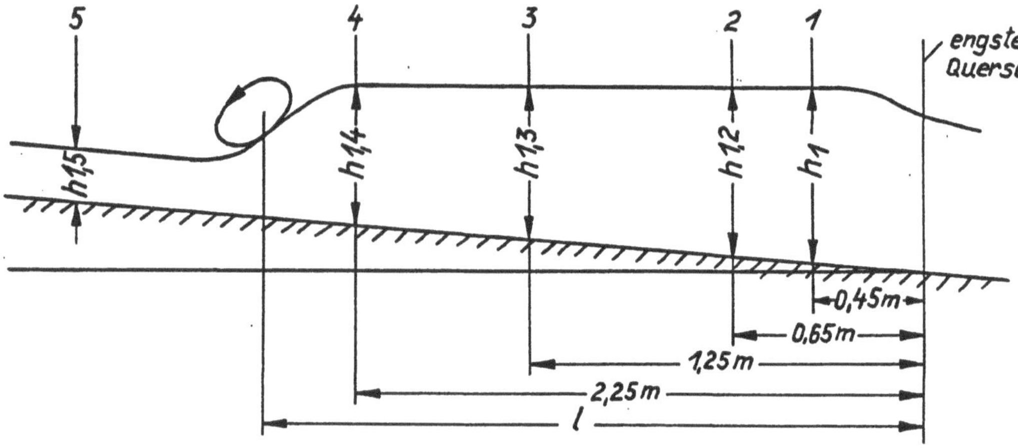

Abb. 135. Lage der Meßstellen

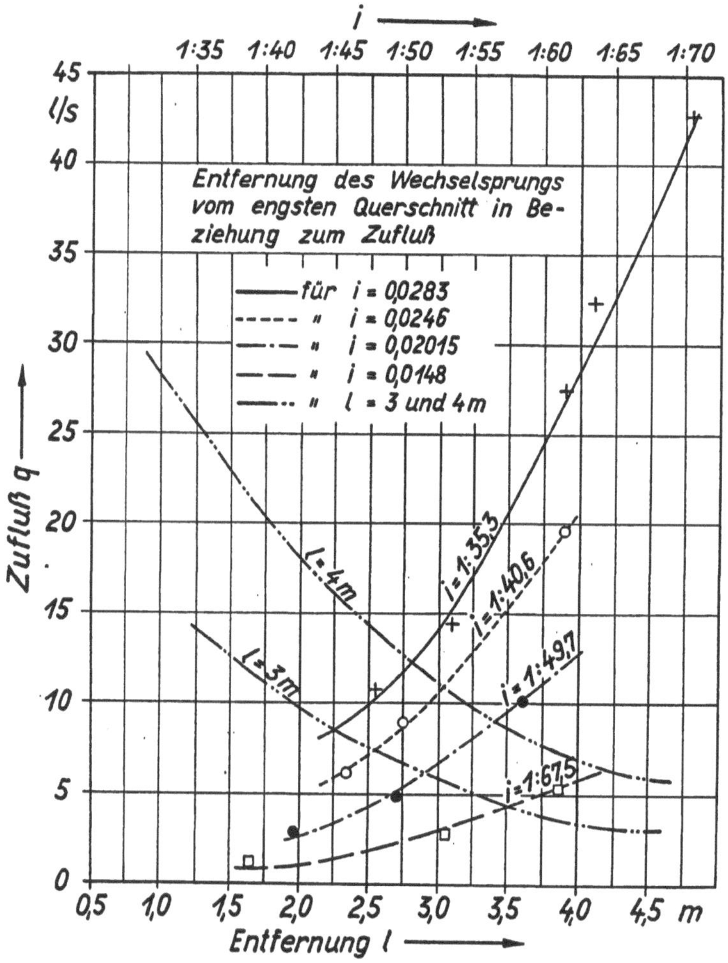

Abb. 136. Venturikanal mit Trapezquerschnitt, Lage des Wechselsprunges bei verschiedenem Gefälle im Zulauf

Tabelle 16. Wassertiefen im OW. bei schießendem Zufluß

Versuchs-Nr.	h	q_v	h_1	$h_{1,2}$	$h_{1,3}$	$h_{1,4}$	$h_{1,5}$	l
	m	m³/s	m	m	m	m	m	m
1	0,054	0,0144	0,1605	0,1525	0,1309	0,113	nicht gem.	3,20
2	0,0447	0,01085	0,1372	0,1315	0,109	—	0,027	2,60
3	0,0823	0,0274	0,2264	0,221	0,1987	0,1783	0,05	3,90
4	0,11	0,0429	0,2831	0,2776	0,2524	0,2345	0,1	> 4,5
5	0,13	0,0555	0,3215	0,3155	0,2943	0,2687	nicht gem.	> 5
6	0,0918	0,03235	0,2480	0,2426	0,2219	0,1958	0,06	4,10

Hieraus ist zu ersehen, daß der Wechselsprung für kleinere Zuflüsse sich mehr und mehr zum Venturikanal hin bewegt. Außerdem sind in diese Abb. 136 2 Kurven eingetragen, die die Abhängigkeit des Zuflusses vom Gefälle zeigen, wenn der Wechselsprung immer in der gleichen Entfernung von 3 m bzw. 4 m vom engsten Querschnitt gehalten wurde. Das trapezförmige, bzw. dreieckförmige Profil eignet sich besser als das rechteckige Profil für derartige Meßeinrichtungen, weil die Oberwassertiefe h_1 bei kleinen Zuflüssen höher liegt und daher der Wechselsprung weiter vom Einschnürungsquerschnitt entfernt liegt.

Es ergibt sich auf Grund dieser Untersuchungen die Frage, ob eine allgemeine Berechnung der Lage des Wechselsprunges möglich ist. Für einen rechteckigen Querschnitt des Zuflußkanals gilt für einen Querschnitt vor dem Wechselsprung

$$v = \frac{q_v}{f} = \frac{q}{b\,h_{1,5}} = k\sqrt{\frac{b\,h_{1,5}}{b + 2\,h_{1,5}}\,i}$$

und

$$b\,q^2 + 2\,h_{1,5}\,q^2 = k^2\,b^3\,h_{1,5}^3\,i\,.$$

Diese Gleichung dritten Grades für $h_{1,5}$ läßt sich bei gegebenem q, b, i und k durch Probieren verhältnismäßig schnell lösen. Wird z. B. Versuch Nr. 4 der vorherigen Tabelle zugrunde gelegt, so ergibt sich für $q_v = 0{,}0429$ m³/s, $b = 0{,}4$ m, $i = 1:35{,}3$ und $k = 70$ m$^{1/2}$/s der Wert $h_{1,5} = 0{,}073$ m. Die Wassergeschwindigkeit ist $v = 1{,}47$ m/s. Sie ist größer als die Grenzgeschwindigkeit $c = \sqrt{g\,r} = 0{,}725$ m/s. Mittels dieser Größe $h_{1,5}$ und dem Zufluß q kann die Höhe h_w des Wechselsprunges bestimmt werden, denn es gilt [4]:

$$h_w = -\frac{h_{1,5}}{2} + \sqrt{\frac{h_{1,5}^2}{4} + \frac{2\,h_{1,5}\,v^2}{g}}\,.$$

Für $v = 1{,}47$ m/s, $g = 9{,}81$ m/s² und $h_{1,5} = 0{,}073$ m wird

$$h_w = 0{,}1465 \text{ m}.$$

Die Entfernung l dieser Wassertiefe h_w vom engsten Querschnitt kann für jeden Fall durch Bestimmung der Staukurve, ausgehend von der Wassertiefe h_1, bestimmt werden.

Für den Versuch Nr. 4 ergibt sich durch schrittweise Berechnung bei einer Intervallänge $\Delta l = 0{,}25$ m, einem Sohlengefälle $i_s = 0{,}0283$ und einem Wasserspiegelgefälle $i_e = \frac{v^2}{k^2\,r}$, daß die Wassertiefe $h_w = 0{,}1465$ m bei $l = 4{,}75$ m liegt. Dieser berechnete Wert stimmt mit dem Versuchsergebnis gut überein.

Es ist also in jedem Fall möglich, bei richtiger Wahl des Rauhigkeitsbeiwertes k die Lage des Wechselsprunges exakt zu berechnen. Es wird in diesem Zusammenhang auf das im

Kapitel G enthaltene von ZSCHIESCHE zusammengestellte Nomogramm $k = f(v, r)$ hingewiesen. Die gleichen Untersuchungen erfolgten anschließend in der 10 m schwenkbaren Glasrinne mit einem Venturikanal mit rechteckigem Querschnitt, dessen Breite b_2 im engsten Querschnitt 0,23 m betrug. Hier zeigte es sich, daß im Gegensatz zum trapezförmigen Querschnitt der Wechselsprung bei den beiden Gefällen $i = 1:29{,}5$ und $1:34{,}7$ bereits im engsten Querschnitt lag. Auch bei den anderen Gefällen war eine kürzere Entfernung gegenüber dem trapezförmigen Querschnitt festzustellen. Die auf Abb. 137 zusammengestellten Ergebnisse zeigen die Lage des Wechselsprunges vor dem engsten Querschnitt bei verschiedenem Sohlengefälle in Abhängigkeit vom Abfluß.

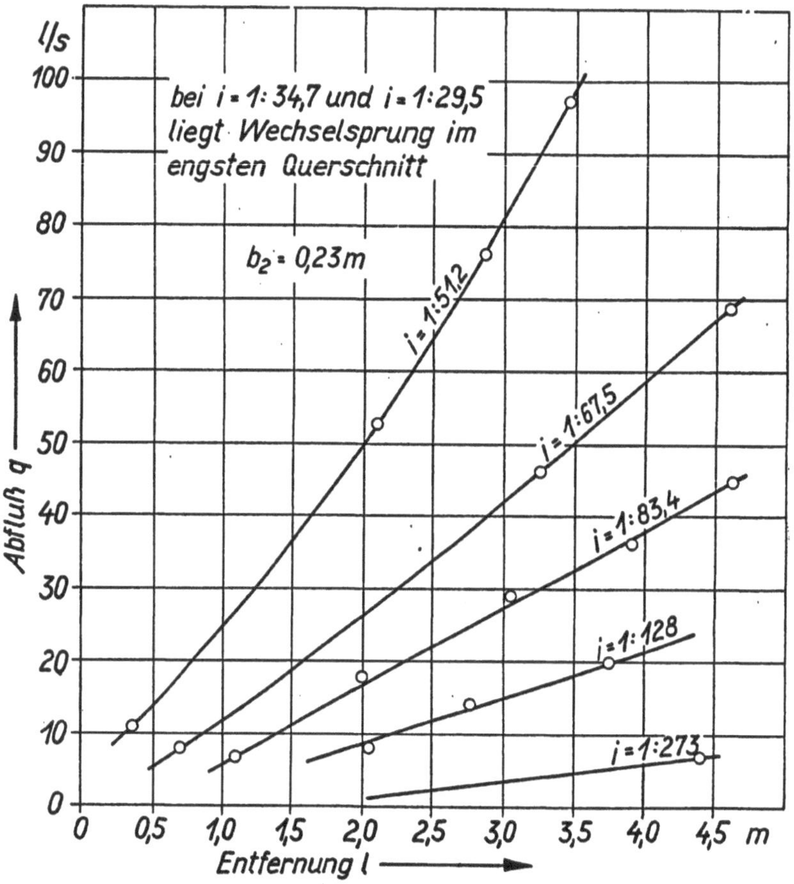

Abb. 137. Venturikanal mit Rechteckquerschnitt, Lage des Wechselsprunges in m vor dem engsten Querschnitt bei verschiedenem Sohlengefälle

K. Der Venturikanal im Flußbau und in Wasserkraftanlagen

1. Allgemeine Betrachtungen

Vennemann [23] hat sich mit der Verwendung des Venturikanals im Flußbau befaßt und als Einengungsform anstelle des Rechteckprofils zwei trapezförmige Profile mit verschiedenem Einschnürungsgrad modellmäßig untersucht. Er kommt zu dem Schluß, daß ein Einbau derartiger Meßeinrichtungen in Flußbaustrecken möglich ist, es aber schwierig ist, theoretische Berechnungen im voraus anzustellen. Die Frage des Einflusses der Veränderung des Wasserspiegelgefälles im Oberwasser auf die Geschiebebewegung wurde nicht beantwortet. Es ist anzunehmen, daß auch hier, wie bei einem Wehr, bei Gefälleänderungen im Oberwasser mit einer gewissen Verlandung des Stauraumes im Oberwasser gerechnet werden muß. Außerdem muß berücksichtigt werden, daß bei einem freien Abfluß Schießen im engsten Querschnitt eintritt und hierdurch ein Schiffahrtsbetrieb nicht möglich ist. Die Verwendung eines Venturikanals ohne Schießen im engsten Querschnitt schafft wohl günstigere Abflußbedingungen und ist in der Wirkung einer Sohlschwelle oder einem Buhnensystem ähnlich, aber hierdurch müßte, wie bereits eingehend erläutert, für die Abflußberechnung außer der Oberwassertiefe h_1 auch die Wassertiefe h_2 im engsten Querschnitt bestimmt werden. Die Bestimmung von h_2 bereitet aber große Schwierigkeiten.

Die Verwendung des Venturikanals für Abflußmessungen in Wasserkraftwerken ist möglich. Erfolgt z. B. der Abfluß unterwasserseitig in einen Flußlauf, so kann hier ein Venturikanal zwischen dem Unterwasser und der Flußstrecke eingeschaltet werden. Die Breite b_2 könnte sehr groß gewählt werden, so daß auch die Messung großer Abflüsse möglich ist. Besteht im Unterwasser zur Konstanthaltung des Unterwasserspiegels eine größere Seefläche, so bestehen keine Schwierigkeiten, an Stelle eines Meßwehres einen Venturikanal einzubauen und für die Berechnung die allgemeine Abflußgleichung

$$q_v = \alpha \frac{2}{3\sqrt{3}} b_2 \sqrt{2\,g}\, H^{3/2}$$

zu verwenden.

2. Modellversuche in der Versuchsanstalt Karlshorst

Das in der Versuchsanstalt Karlshorst der Abt. Wasserbau und Schiffahrt im Längenmaßstab 1 : 100 und im Tiefenmaßstab 1 : 50 aufgebaute Modell mit fester Sohle der Elbestrecke bei Schöna km 1,592 bis km 4,854 wurde nach Abschluß der eigentlichen Versuche zur Verbesserung der Fahrwasserverhältnisse für die Untersuchung von seitlichen Einschnürungen verschiedener Stärke in einer Flußstrecke verwendet. Die Abb. 138 gibt einen Überblick über das geometrisch ähnlich zur Natur aufgebaute Modell. Die seitliche Einschnürung erfolgte beim Profil 52. Die Abb. 140 und 141 zeigen einen Teil der Modell-

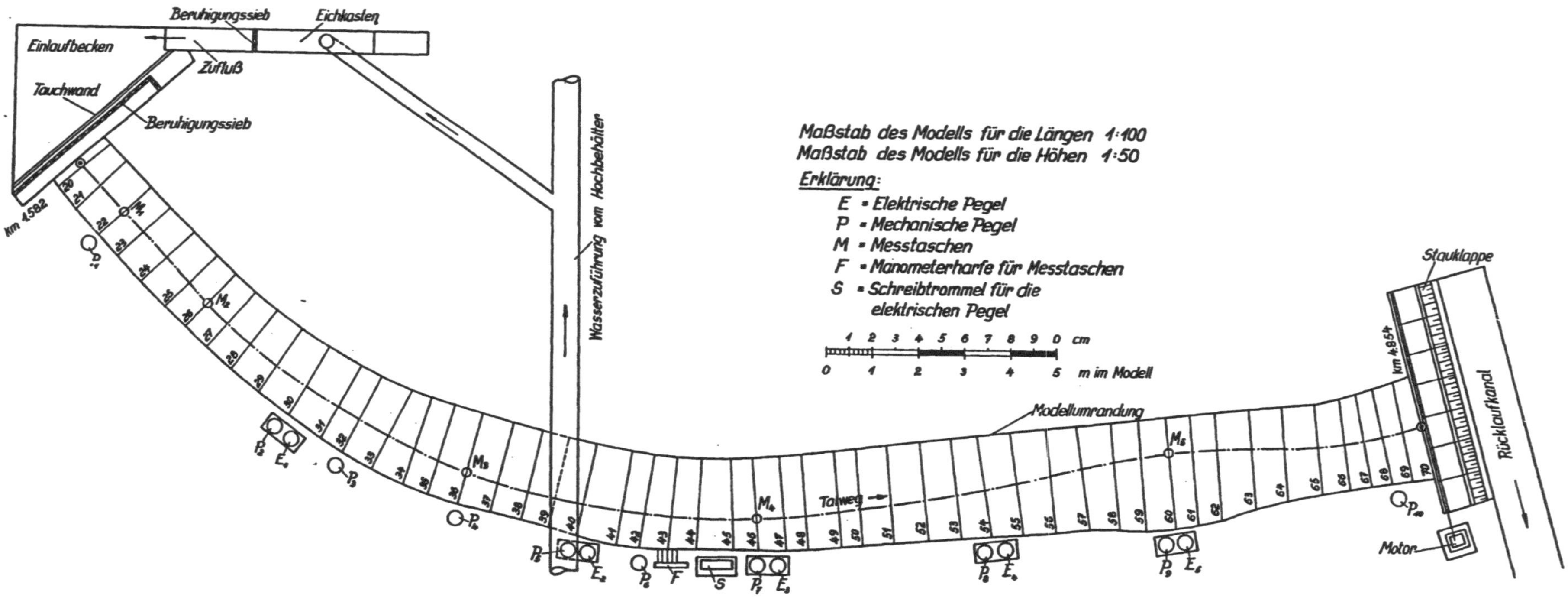

Abb. 138. Modell der Elbestrecke bei Schöna

strecke mit den Wasserstandsmeßgeräten. Mittels einer Kurvenscheibe und einem Steuerpegel am Eichkasten, s. Abb. 142, erfolgte automatisch die Einstellung der verschiedenen Wasserstände durch Veränderung einer beweglichen Klappe am Ende des Eichkastens. Die durch die Einschnürung verursachten Veränderungen der Wasserspiegellinie gegenüber dem Abfluß ohne Einschnürung konnten durch die an vielen Stellen der Modellstrecke aufgebauten Pegel registriert werden. Es wurden 5 Pegel mit elektrischer Fernübertragung und 10 direkt schreibende Pegel gewählt. Gemäß Abb. 143 arbeitet der Pegel mit elektrischer Fernübertragung nach dem Drehmelderprinzip. Die Schwimmerstange ist mit einem elektrischen Geber verbunden, der die Pegeländerungen auf einen elektrischen Empfänger

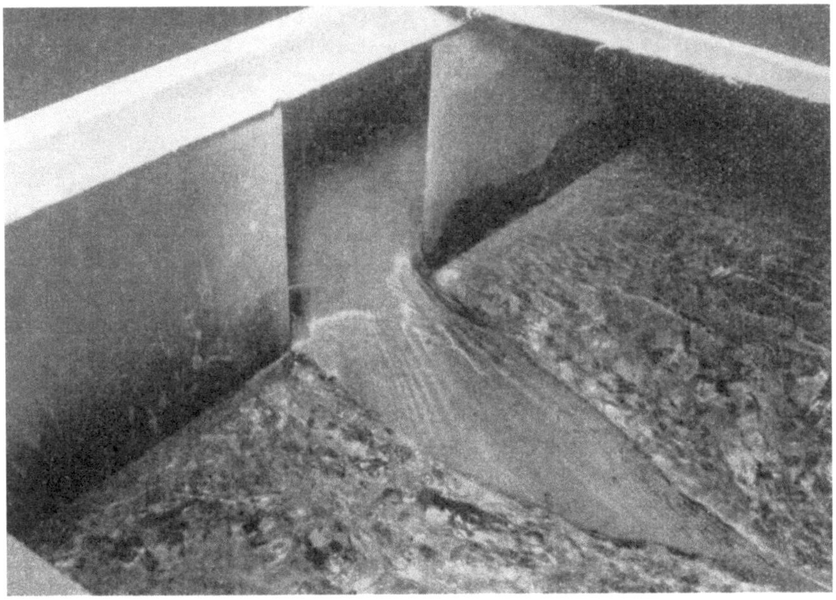

Abb. 139. Abfluß durch die Einschnürung

überträgt. Abb. 144 zeigt eine von der Forschungsanstalt entwickelte Aufnahmetrommel zur gleichzeitigen Registrierung von 5 Wasserstandslinien. Im Bereich der Einschnürung wurde von Profil 48—56 zur genauen Ermittlung der einzelnen Wasserstände eine Meßbrücke mit Spitzentaster verwendet. Auf Abb. 145 ist die Modellstrecke mit den Meßgeräten und der Einschnürung bei Profil 52 dargestellt. Die Rauhigkeit der Sohle wurde so gewählt, daß die Wasserspiegellinien des Modells ohne Einschnürung mit denen der Natur für verschiedene Wasserstände von MNW bis HSW übereinstimmten. Abb. 146 gibt einen Überblick über die Rauhigkeitsbeiwerte k für Modell und Natur, wenn die Brahms-Checysche Abflußformel $v = k \sqrt{r\, i}$ verwendet wird. Die Versuche wurden für rechteckige Durchflußöffnungen von 1 m, 0,75; 0,5; 0,4; 0,3 und 0,2 m Breite durchgeführt und jedes Mal im Modell 3 verschiedene Abflüsse verwendet, die dem Abfluß bei MNW bis HSW entsprechen. Die Wasserspiegellinien aller Versuche sind in den Abb. 147—152 zusammengestellt. Bei allen Senkungslinien im Bereich der Einschnürung ist zu erkennen, daß sie die entsprechende Wasserspiegellinie beim Abfluß ohne Einschnürung erst hinter der Einschnürung schneiden, während in der Literatur dieser Schnittpunkt z. T. an der Einschnürungsstelle bzw. sogar davor angegeben wird. Ermittelt man die jeweiligen Grenztiefen für den engsten Querschnitt, so ergeben sich bei den Durchflußbreiten von 0,4; 0,3 und 0,2 m z. T. schießende

Abb. 140. Teilansicht der Modellstrecke mit Meßgeräten

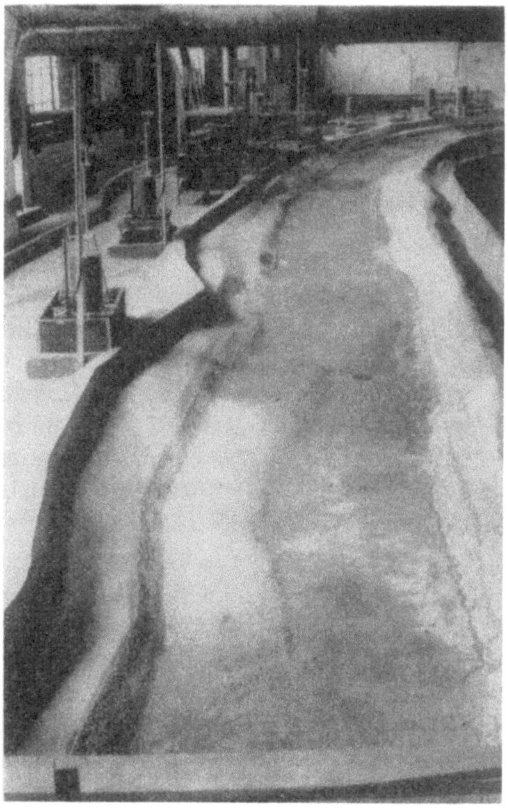

Abb. 141. Teilansicht der Modellstrecke

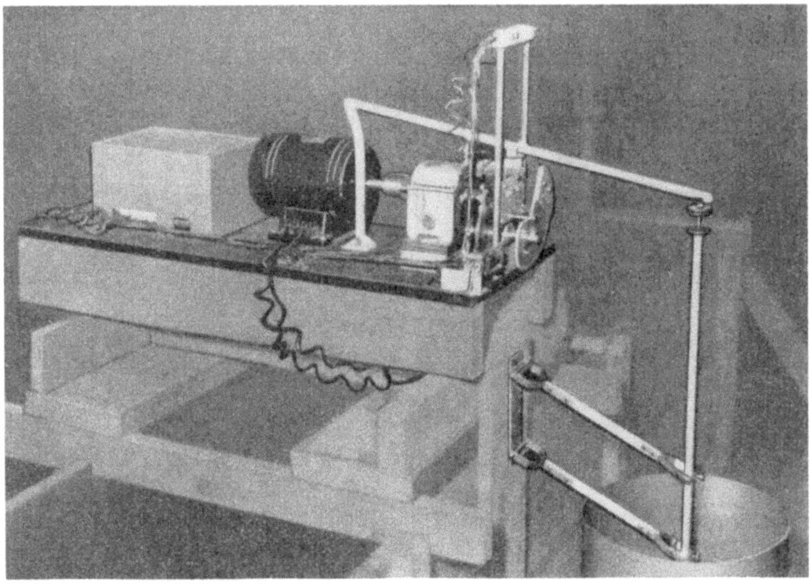

Abb. 142. Automatik für Wasserstandsganglinie

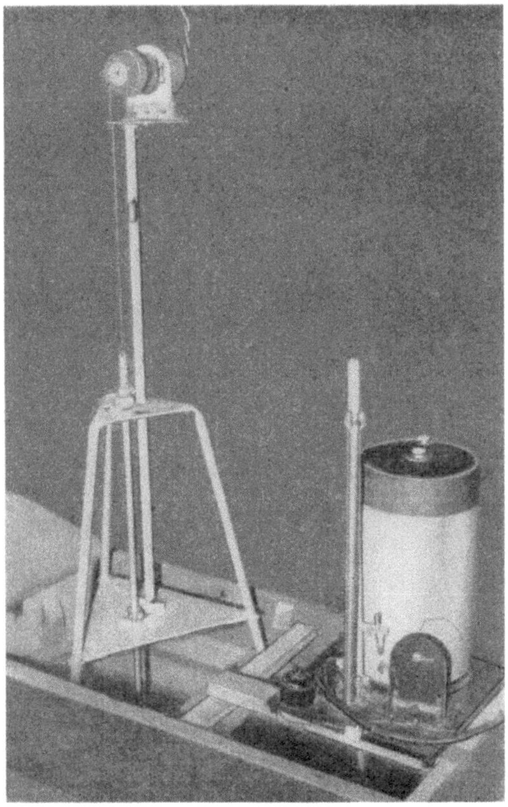

Abb. 143.
Schreibpegel mit direkter Registrierung (rechts)
und mit elektrischer Fernübertragung(links)

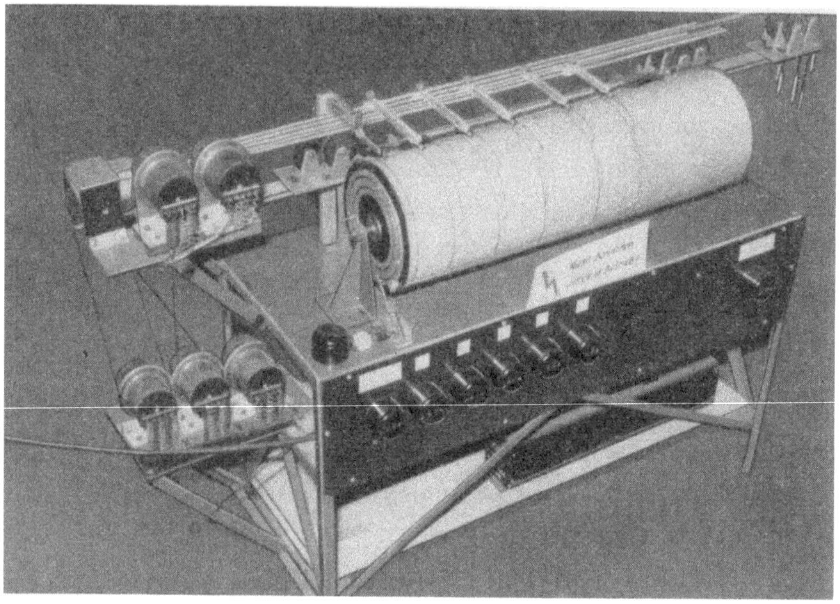

Abb. 144. Aufnahmetrommel für 5 Wasserstandsganglinien

Abb. 145. Einschnürung der Modellstrecke mit Meßbrücke

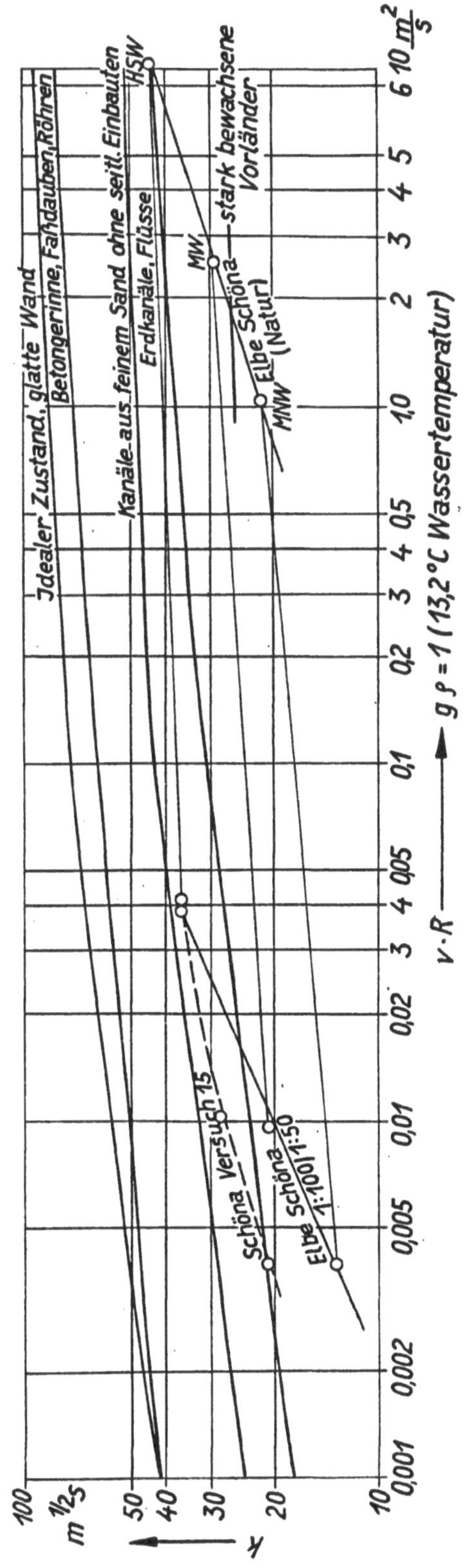

Abb. 146. Rauhigkeitswerte in Beziehung zum Kreyschen Kennwert v. R.

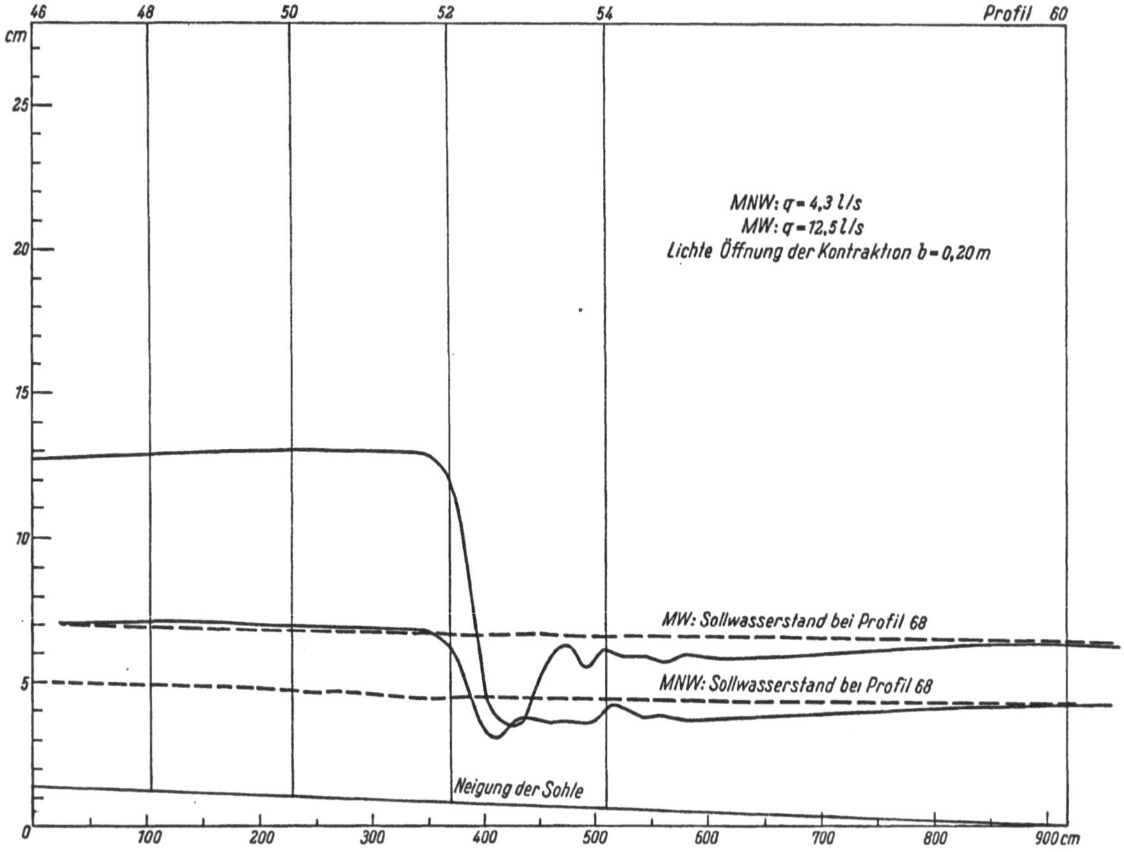

Abb. 147. Verlauf der Wasserspiegellinien mit und ohne Einschnürung, $b = 0{,}2$ m

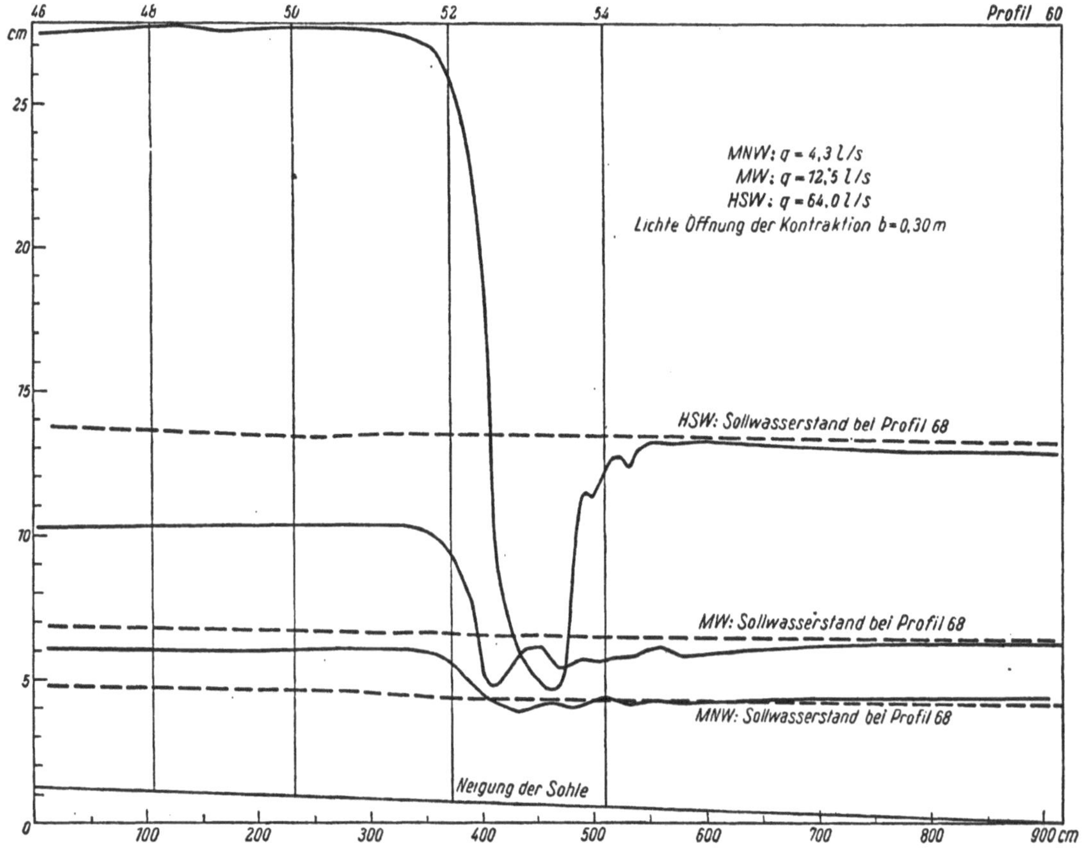

Abb. 148. Verlauf der Wasserspiegellinien mit und ohne Einschnürung, $b = 0{,}3$ m

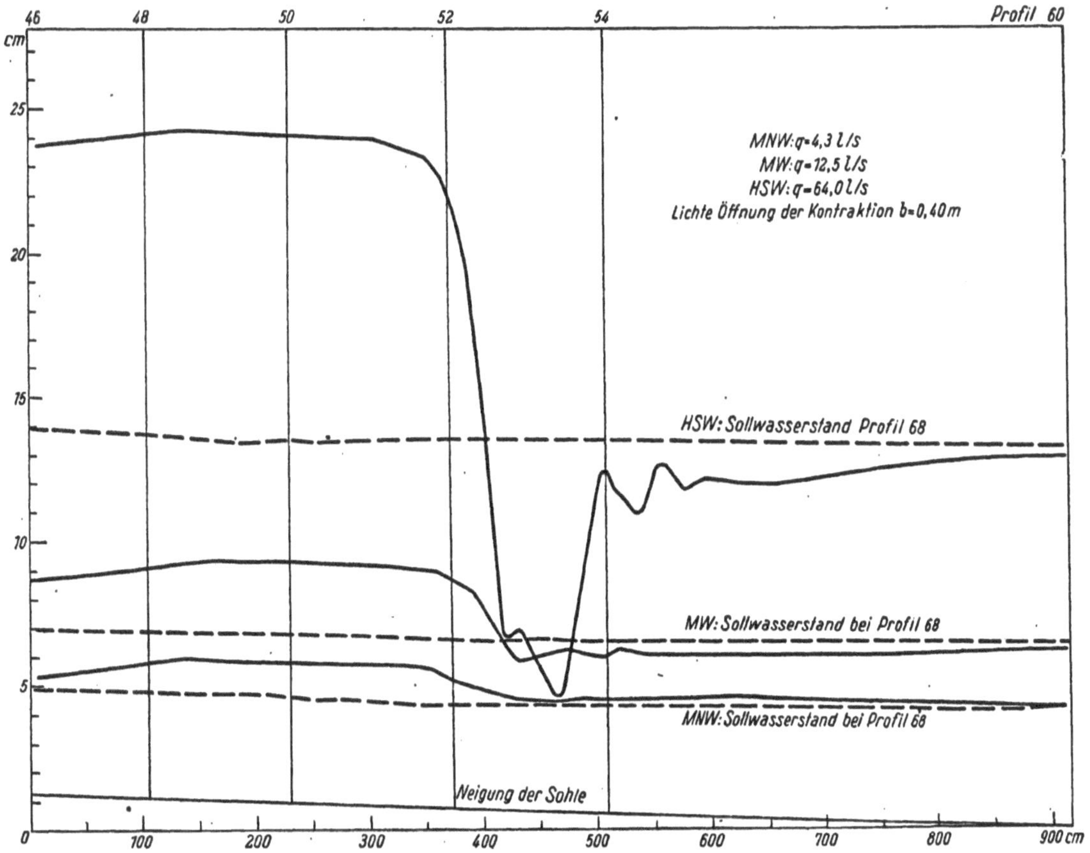

Abb. 149. Verlauf der Wasserspiegellinien mit und ohne Einschnürung, $b = 0{,}4$ m

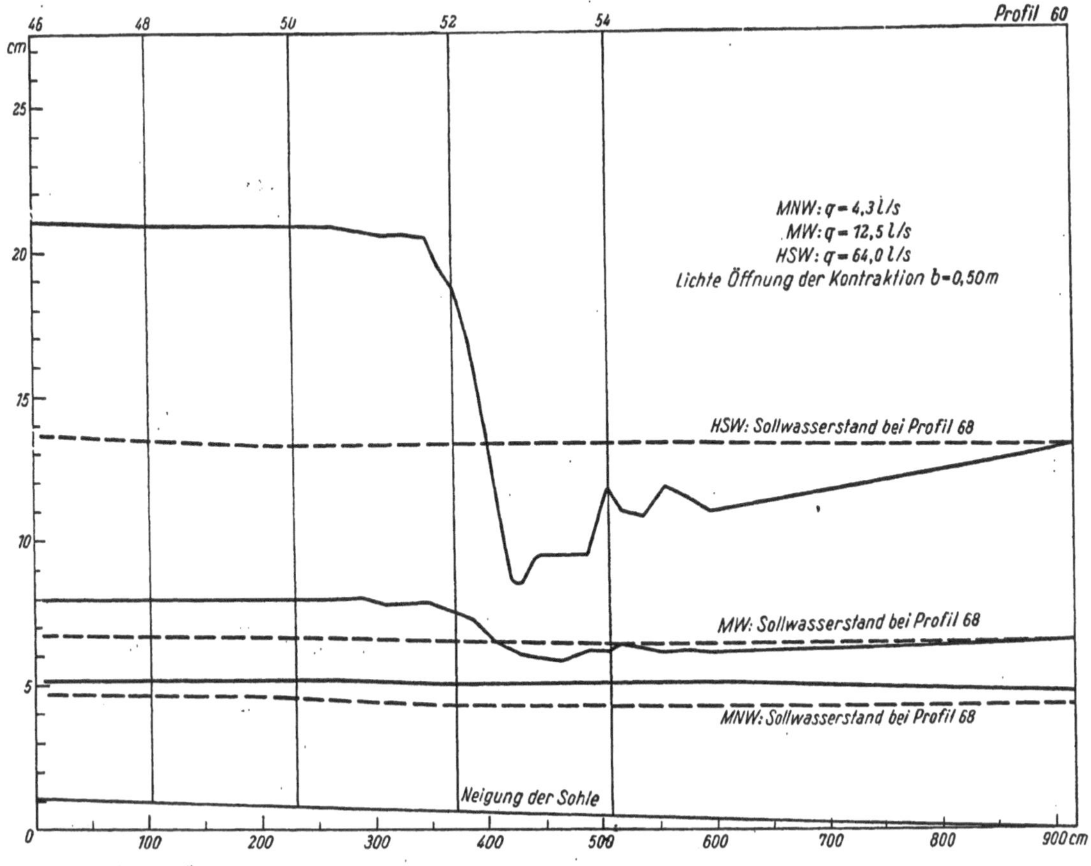

Abb. 150. Verlauf der Wasserspiegellinien mit und ohne Einschnürung, $b = 0{,}5$ m

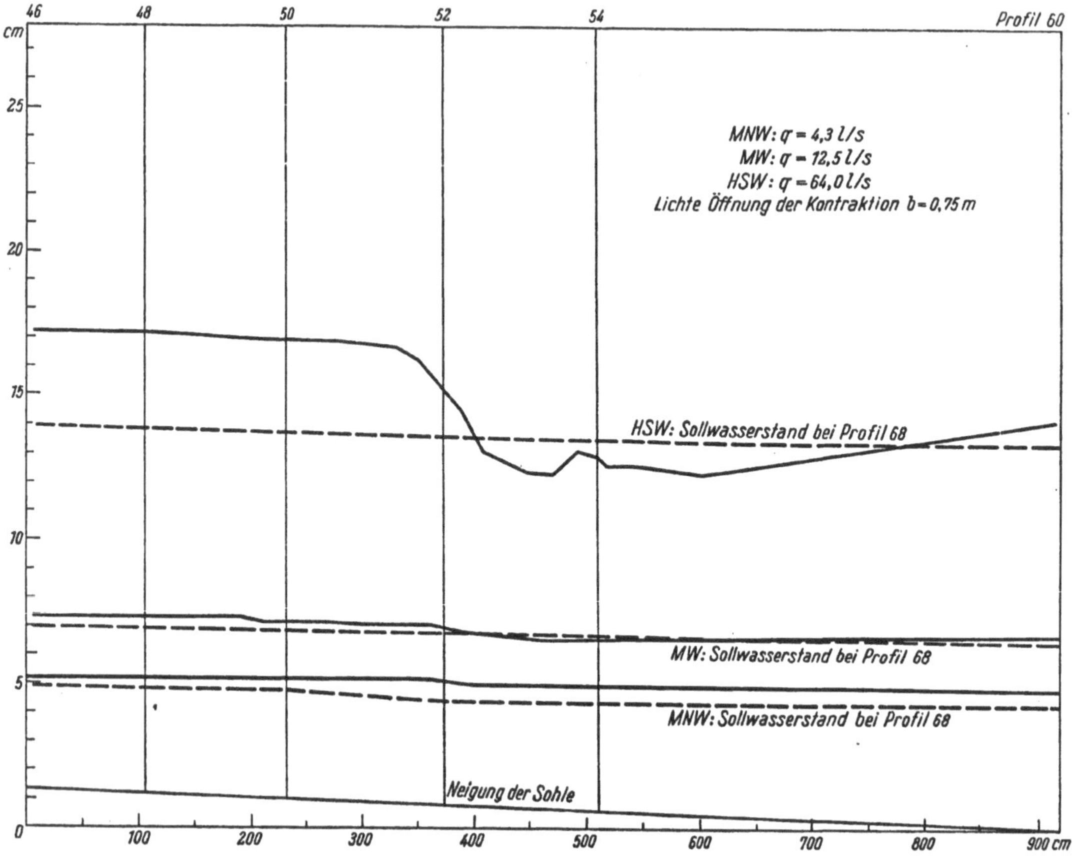

Abb. 151. Verlauf der Wasserspiegellinien mit und ohne Einschnürung, $b = 0{,}75$ m

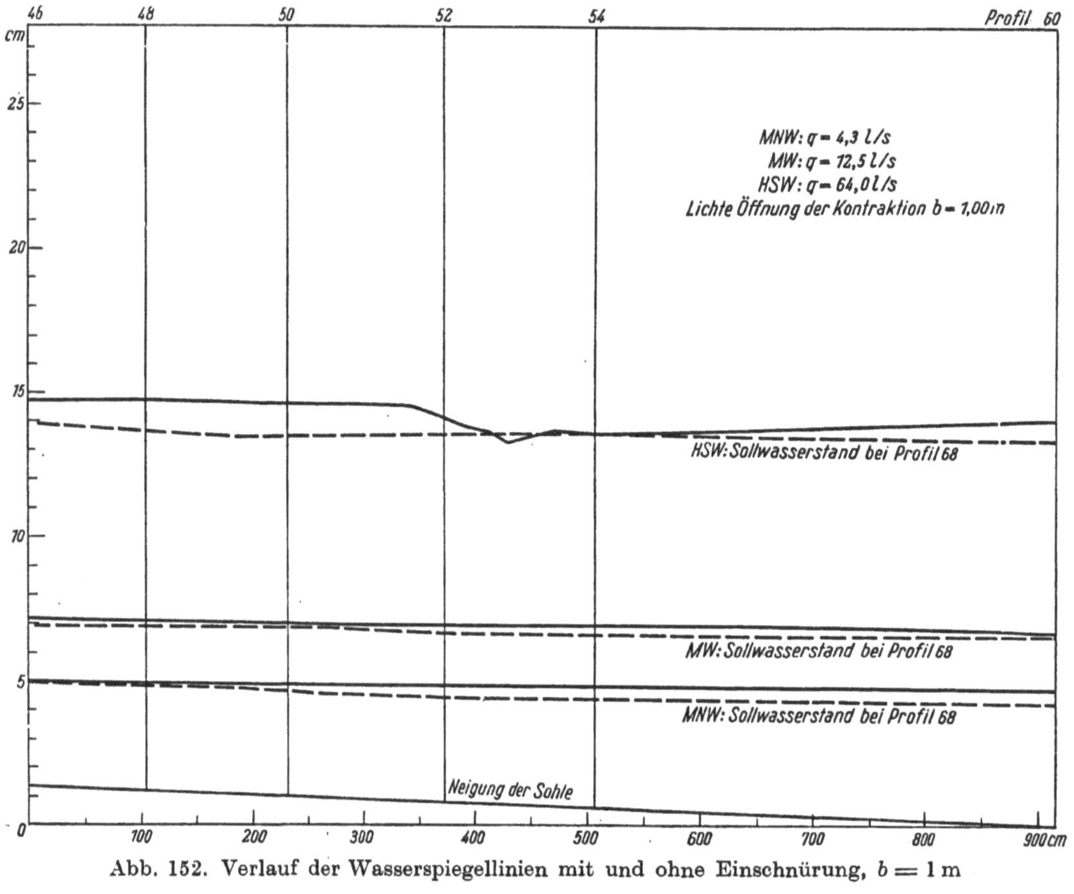

Abb. 152. Verlauf der Wasserspiegellinien mit und ohne Einschnürung, $b = 1$ m

Strömungen hinter dem engsten Querschnitt. In der nachstehenden Tab. 17 wurden unter Verwendung der Venturigleichung

$$q_v = \alpha \frac{2}{3\sqrt{3}} b_2 \sqrt{2g}\, H^{3/2}$$

die Abflußbeiwerte α für schießenden Abfluß hinter dem engsten Querschnitt zusammengestellt.

Tabelle 17

q_v	b_2	h_1	α
m^3/s	m	m	
0,067	0,30	0,265	0,960
0,0125	0,30	0,095	0,840
0,064	0,40	0,228	0,855
0,0125	0,20	0,120	0,880

Ein Vergleich mit den Ergebnissen der Versuche, die unter ähnlichen Bedingungen in der 40 cm Glasrinne durchgeführt wurden (s. Kap. E 2), zeigt, daß die Ergebnisse nicht wesentlich voneinander abweichen. Umgekehrt besteht die Möglichkeit, wenn die Größe des Abflußbeiwertes α für die betreffende Form der Einschnürung als bekannt vorausgesetzt wird, die Stauhöhe gegenüber dem Abfluß ohne Einschnürung für den Fall des schießenden Abflusses zu bestimmen.

3. Die Stauwirkung von Flußeinschnürungen

Die Bestimmung der Stauwirkung einer Einschnürung z. B. ist für die Durchführung von Regulierungsmaßnahmen im Flußbau von großer Bedeutung. Da Buhnen und Grundschwellen in ihrer Wirkung den Venturikanaleinschnürungen ähnlich sind, soll anschließend eine Näherungsrechnung für die Bestimmung der Stauhöhe durch eine Einschnürung bei unvollkommenem Abfluß gebracht werden, wenn also strömender Abfluß im Bereich des engsten Querschnittes vorhanden ist und kein Übergang zur schießenden Strömung entsteht. In der Praxis wird es im allgemeinen mit Rücksicht auf die Schiffahrt und die Flußsohle nicht zu einem schießenden Abfluß kommen, so daß die Bestimmung der Stauhöhe bei strömendem Abfluß den Praktiker sehr interessiert. Andererseits ist bei Verwendung einer Flußeinschnürung als Abflußmesser das Eintreten des Schießens günstiger, weil sich dann die Bestimmung des Abflusses sicherer und genauer ermitteln läßt. In der folgenden Tab. 18 wurde auf die Versuchsergebnisse des Venturikanals P I für den unvollkommenen Abfluß zurückgegriffen. Wie aus dieser Zusammenstellung zu ersehen ist, ändert sich der Zufluß beim Übergang vom vollkommenen zum unvollkommenen Zustand verhältnismäßig wenig. Wird h_3 wesentlich vergrößert, ändert sich auch h_1 ziemlich stark. Es wurden daher diese Änderungen eingehend untersucht. Bildet man $\frac{\Delta h_1}{h_1}$ und $\frac{\Delta h_3}{h_3}$, so weichen diese Werte wohl voneinander ab, liegen aber etwa in der gleichen Größenordnung.

Da die Werte von Δh_1 klein gegen h_1 sind, werden geringe Veränderungen von Δh_1 den Gesamtwert $h_1 + \Delta h_1$ wenig beeinflussen. Somit ergibt sich für eine näherungsweise Berechnung der Stauhöhe der folgende Weg.

In einem Kanal oder einer Flußstrecke wird zunächst die Wasserspiegellinie für den Abfluß ohne Einschnürung festgelegt. Anschließend wird für die gewählte Einschnürung die Oberwassertiefe h_1 nach der Abflußformel für den Venturikanal

$$q_v = \alpha \frac{2}{3\sqrt{3}} \sqrt{2\,g}\; b_2 H^{3/2}$$

berechnet.

Tabelle 18. Meßergebnisse für vollkommenen und unvollkommenen Abfluß

Lfd. Nr. des Versuchs	q_v	h_1	h_3	α	Δh_1	Δh_3	$\frac{\Delta h_1}{h_1}$	$\frac{\Delta h_3}{h_3}$
	l/s	cm	cm		cm	cm		
4	123,0	15,38	10,90	0,985	schießender Zustand			
5	123,0	15,48	14,61	0,984				
6	122,0	16,33	15,83	0,900	0,85	1,22	0,055	0,083
7	121,0	17,69	17,35	0,790	2,21	2,74	0.143	0,186
8	119,9	19,90	19,75	0,654	4,42	5,14	0,286	0,350
16	220,0	23,59	22,20	0,930				
17	218,0	24,40	23,73	0,882	0,81	1,53	0,035	0,069
18	217,5	26,14	25,75	0,787	2,55	3,55	0,108	0,160
19	217,5	27,63	27,35	0,725	4,04	5,15	0,170	0,230
20	267,5	26,12	23,35	0,974	schießender Zustand			
26	267,5	26,43	25,10	0,953				
27	265,0	27,76	27,10	0,878	1,33	2,00	0,050	0,080
28	264,5	30,74	30,59	0,757	4,31	5,49	0,160	0,220

Für die Näherungsrechnung genügt es, die Geschwindigkeitshöhe nicht zu berücksichtigen. Unter der Annahme eines freien Abflusses und des Abflußbeiwertes α, der auf Grund der zahlreichen Versuche gewählt werden kann, läßt sich somit h_1 bestimmen. Außerdem kann ebenfalls auf Grund der Versuche mit verschiedenartigen Einschnürungsformen die Grenztiefe h_3 festgelegt werden. Von diesem Unterwasserspiegel ausgehend, wird die prozentuale Zunahme der Unterwassertiefe bei strömendem Abfluß bestimmt. Unter der Annahme, daß der Oberwasserspiegel prozentual in der gleichen Höhe wie der Unterwasserspiegel zunimmt, läßt sich somit näherungsweise die jeweilige Oberwassertiefe für jede Unterwassertiefe berechnen. Die nachstehende Tab. 19 zeigt die prozentualen Fehler für die laufenden Versuchsnummern 5, 6, 7, 8, die sich für eine Näherungslösung in zulässigen Grenzen halten.

Tabelle 19. Prozentuale Fehler für eine Näherungslösung

1	2	3	4	5	6
Lfd. Nr. des Versuchs	h_1	$\frac{\Delta h_3}{h_3}$	$h_1\left(1 + \frac{\Delta h_3}{h_3}\right)$	Diff (4—2)	Diff (4—2)
	cm		cm	cm	%
5	15,48				
6	16,33	0,083	16,7	0,37	2,27
7	17.69	0,186	18,3	0,61	3,45
8	19,90	0,350	20,8	0,91	4,50

In Anlehnung an die Versuche von „TRACY und CARTER" [26] über Kanaleinschnürungen wurden von VALLENTINE [22] Untersuchungen in einem Kanal mit rechteckigem Querschnitt über die Wirkung von Einschnürungen durch seitliche scharfkantige Bleche durchgeführt. Es wurde, wie bei den Versuchen der Forschungsanstalt, die Wassertiefe h_1 im Kanal ohne Einschnürung bei Parallelabschluß zur Sohle und anschließend die Oberwassertiefe h_1' an der gleichen Stelle bei verschiedenen Einschnürungen gemessen. Das Verhältnis $\frac{h_1'}{h_1}$ wurde zu der Größe

$$\left[\frac{\sqrt{g}\,Fr_1}{C_{\max}\,(1-m)}\right]^{2/3}$$

in Beziehung gesetzt. Hierbei bedeuten

g Erdbeschleunigung,

Fr_1 die Froudesche Zahl $= Fr_1 = \frac{v_1}{\sqrt{g\,h_1}}$,

m das Einschnürungsverhältnis $m = \frac{b_1 - b_2}{b_1}$,

$C_{\max}$ einen Beiwert $C_{\max} = \alpha_{\max}\,\frac{2\sqrt{2\,g}}{3\sqrt{2}} = 2{,}1\,\alpha_{\max}$.

In der Abb. 153 wurde diese Beziehung $\frac{h_1'}{h_1} = f\left[\frac{\sqrt{g}\;Fr_1}{C_{\max}\,(1-m)}\right]$ graphisch dargestellt. Die in den Abb. 147—152 enthaltenen Ergebnisse der Versuche der Forschungsanstalt wurden in Anlehnung an die Arbeit von VALLENTINE ausgewertet und in der Tab. 20 zusammengestellt. Die Eintragung dieser Ergebnisse der Forschungsanstalt in die Abb. 153 zeigt eine gute Übereinstimmung mit den Ergebnissen von VALLENTINE und ermöglicht die Berechnung der Stauwirkung von Einschnürungen.

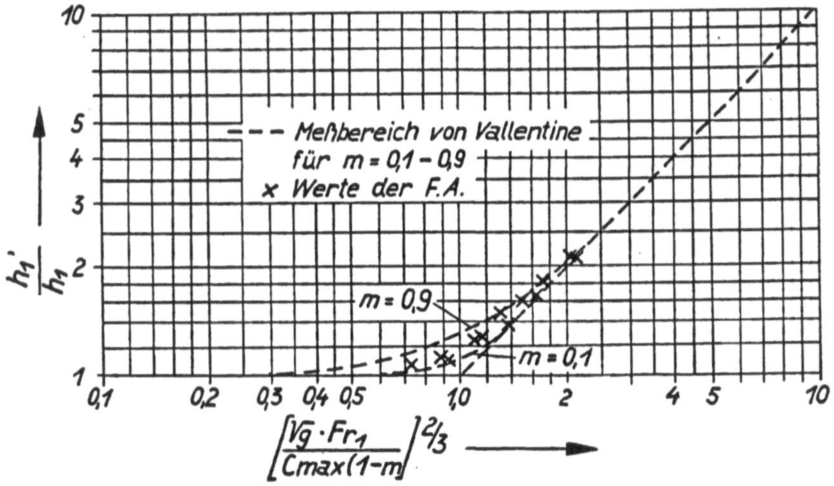

Abb. 153. Graphische Darstellung nach VALLENTINE

Tabelle 20. Zusammenstellung der Messungen der Forschungsanstalt für Schiffahrt, Wasser- und Grundbau bei Profil 50

Lfd. Nr.	Abfluß	f_1	q	v_1	h_1	h_1'	$\frac{h_1'}{h_1}$	Fr_1	b_1	b_2	m	α_{max}	$\left[\frac{\sqrt{q} \cdot Fr_1}{c_{max}(1-m)}\right]^{3/2}$
		dm²	l/s	dm/s	dm	dm			dm	dm			
1	MNW	2,5	4,3	1,72	0,365	0,585	1,6	0,288	10,5	2	0,81	0,95	1,78
2	MNW	2,5	4,3	1,72	0,365	0,505	1.38	0,288	10,5	3	0,715	0,95	1,355
3	MNW	2,5	4,3	1,72	0,365	0,48	1,315	0,288	10,5	4	0,62	0,95	1,12
4	MNW	2,5	4,3	1,72	0,365	0,435	1,19	0,288	10,5	5	0,525	0,95	0,96
5	MNW	2,5	4,3	1,72	0,365	0,415	1,135	0,288	10,5	7,5	0,285	0,95	0,737
6	MNW	2,5	4,3	1,72	0,365	0,385	1,055	0,288	10,5	10,0	0,0475	0,95	0,607
7	MW	4,8	12,5	2,6	0,575	1,195	2,08	0,347	11,4	2	0,825	0,95	2,12
8	MW	4,8	12,5	2,6	0,575	0,935	1,63	0,347	11,4	3	0,735	0,95	1,61
9	MW	4,8	12,5	2,6	0,575	0,83	1,44	0,347	11,4	4	0,65	0,95	1,34
10	MW	4,8	12,5	2,6	0,575	0,715	1,24	0,347	11,4	5	0,562	0,95	1,16
11	MW	4,8	12,5	2,6	0,575	0,61	1,06	0,347	11,4	7,5	0,34	0,95	0,88
12	MW	4,8	12,5	2,6	0,575	0,595	1,032	0,347	11,4	10,0	0,123	0,95	0,73
13	HSW	15,2	64,0	4,21	1,245	2,65	2,13	0,382	15,4	3	0,805	0,98	2,08
14	HSW	15,2	64,0	4,21	1,245	2,30	1,85	0,382	15,4	4	0,74	0,98	1,7
15	HSW	15,2	64,0	4,21	1,245	2,0	1,61	0,382	15,4	5	0,675	0,97	1,48
16	HSW	15,2	64,0	4,21	1,245	1,58	1,27	0,382	15,4	7,5	0,515	0,95	1,15
17	HSW	15,2	64,0	4,21	1,245	1,355	1,09	0,382	15,4	10,0	0,35	0,95	0,92

L. Die Ähnlichkeit der Modellversuche und ihre Übertragbarkeit

Wenn zwei geometrisch ähnliche Venturikanäle auch dynamisch ähnlich sind, ist die Froudesche Zahl in beiden Fällen gleich $Fr = \frac{v_m}{\sqrt{g\, l\, m}} = \frac{v_N}{\sqrt{g\, l_N}}$, wobei sich der Koeffizient m auf das Modell und N auf die Natur bezieht.

Setzt man die Energiehöhe H im Oberwasser, bzw. die Oberwassertiefe h_1 als die Bezugslänge ein, so wird

$$Fr = \frac{v_m}{\sqrt{g}\,\sqrt{h_{1m}}} = \frac{v_N}{\sqrt{g}\,\sqrt{h_{1N}}}.$$

Mit $v_m = \frac{q_m}{f_m}$ bzw. $v_N = \frac{q_N}{f_N}$ wird,

$$Fr = \frac{q_m}{\sqrt{g}\, f_m \sqrt{h_{1m}}} = \frac{q_N}{\sqrt{g}\, f_N \sqrt{h_{1N}}},$$

$$Fr = \alpha_1' \cdot \text{Konst.} = \alpha_2 \cdot \text{Konst.}$$

Sind zwei Venturikanäle dynamisch ähnlich, so muß $\alpha_1 = \alpha_2$ sein. Die Form des Venturikanals und seine Rauhigkeit haben, wie die bisherigen Versuche ergeben haben, hauptsächlichen Einfluß auf die Größe des Abflußbeiwertes. Werden zunächst Venturikanäle ohne Schwelle betrachtet, so kann hierfür eine dynamische Ähnlichkeit erzielt werden, wenn sie geometrisch ähnlich und mit gleicher Oberflächenrauhigkeit hergestellt werden. Bei der Ausführung mit Schwelle ist der Abflußbeiwert von der absoluten Höhe abhängig, so daß für diesen Fall eine Gleichheit der Abflußbeiwerte nicht erreicht wird und eine dynamische Ähnlichkeit nicht gegeben ist.

M. Zusammenfassung

Der Venturikanal hat sich in den letzten Jahrzehnten wegen seiner einfachen Bauart und Wartung mehr und mehr für Abflußmessungen in Be- und Entwässerungsanlagen sowie in der Industrie für die Messung verschmutzter oder säurehaltiger Abwässer eingebürgert. Es bestand daher ein großes Interesse, die Form des Venturikanals möglich einfach zu gestalten, evtl. zu normen und eine allgemeine Berechnungsformel für den Abfluß zu entwickeln. Nach einleitenden Betrachtungen über die Bedeutung des Venturikanals für Abflußmessungen wurde daher im ersten Teil der Arbeit ausführlich auf den heutigen Stand der Forschung eingegangen. Die bisherigen Veröffentlichungen befaßten sich im wesentlichen mit der Berechnung des Abflusses und der Grenztiefe. Bei schießendem Abfluß in der Einschnürung besteht die Möglichkeit, den Abfluß q in Beziehung zur Oberwassertiefe bzw. zur Energiehöhe H zu setzen. Wird der Unterwasserspiegel soweit gehoben, daß hierdurch eine Beeinflussung des Oberwasserspiegels eintritt, so ist die Grenztiefe erreicht und der Abfluß wird unvollkommen. Aus den Veröffentlichungen anderer Institute über Modellversuche an Venturikanälen ist zu ersehen, daß sie ebenfalls in erster Linie der Messung des Abflusses und der Untersuchung seiner Abhängigkeit von der Oberwassertiefe, der Grenztiefe und der Form der Einschnürung dienten. Auf den Parshall-Abflußmesser und die Untersuchungen von Engel, De Marchi, Citrini, Khafagi und Balloffet wurde ausführlich eingegangen. Der zweite Teil der Arbeit befaßt sich mit den Untersuchungen der Abteilung Wasserbau und Schiffahrt der Forschungsanstalt für Schiffahrt, Wasser- und Grundbau in ihren beiden Versuchsanstalten Potsdam und Karlshorst. In der Versuchsanstalt Potsdam wurden die beiden Modelle P I und P V mit rechteckigem Profil eingehend untersucht. Neben einer ausführlichen Beschreibung der Versuchsanlage und der Methode der Versuchsdurchführung wurde ein eingehender Überblick über die Versuchsergebnisse mit zahlreichen graphischen Darstellungen gegeben. Durch diese Untersuchungen sollte in erster Linie die Brauchbarkeit des Venturikanals für die Abflußmessungen in wasserbaulichen Versuchsanstalten überprüft werden. Im Gegensatz zu industriellen Anlagen wird hier eine größere Meßgenauigkeit gefordert. Andererseits haben die Venturikanäle gegenüber den sonst in Versuchsanstalten üblichen Meßwehren den Vorteil eines geringeren Energiehöhenverlustes, so daß sich hierdurch die Möglichkeit bietet, bestehende Versuchsanlagen für größere Modellversuche mit größeren Zuflüssen zu verwenden. Besonders eingehend wurden der Abflußbeiwert und die Grenztiefe für den vollkommenen und den unvollkommenen Abfluß untersucht. Diese Messungen erfolgten an einem Venturikanal mit langem Diffusor und verschiedener Einschnürung und anschließend an mehreren Ausführungen mit verkürztem Diffusor. Die Ergebnisse wurden mit den von Engel erzielten verglichen, wobei besonders an Hand der Ergebnisse zu der von Engel eingeführten Boussinesqschen Zahl Stellung genommen wurde. Da der Abflußbeiwert α der Venturigleichung

$$q_v = \alpha \frac{2}{3\sqrt{3}} \sqrt{2g}\, b_2\, H^{3/2}$$

bei größeren Überströmungshöhen Werte über 1 annahm, wurde dieses Ergebnis auf die Wirkung der im engsten Querschnitt vorhandenen Schwelle zurückgeführt und daher zunächst in Anlehnung an die Ergebnisse von Böss die Druckverteilung an einer Sohlschwelle ohne Kanaleinschnürung untersucht. Es ergab sich ein Unterschied zwischen den Wasserspiegel- und den Drucklinien, der mit zunehmender Wassertiefe immer größer wurde. Auf den gekrümmten Strombahnen treten Drücke auf, die kleiner als die entsprechenden Wassertiefen sind. Die Versuche haben die Brauchbarkeit des Verfahrens von Böss, jedoch auch die Schwierigkeit seiner allgemeinen Anwendung gezeigt. Die in der Versuchsanstalt Karlshorst durchgeführten Modellversuche dienten dazu, die durch die bisherigen Versuche gesammelten Erkenntnisse zu bestätigen und zu erweitern. In der 2 m breiten und 50 m langen Versuchsrinne wurden daher an einem Venturikanal systematische Messungen durchgeführt, um den Abflußbeiwert und die Druckverteilung an der Schwelle für 3 verschiedene Einschnürungsverhältnisse zu untersuchen. Die Ergebnisse stimmten mit den früheren gut überein und zeigten

a) eine Zunahme des Abflußbeiwertes bei größeren Überströmungshöhen auf Werte über 1,

b) eine gleichzeitige Abnahme der Druckhöhe an der Schwelle gegenüber der dort vorhandenen Wassertiefe und

c) bei größeren Wassertiefen ein ungünstigeres Grenztiefenverhältnis.

Ferner war ein wesentlicher Unterschied in den Abflußbeiwerten für Venturikanäle mit und ohne Schwelle bei größeren Überströmungshöhen fsetzustellen. Der Einfluß der Form der Einschnürung wurde an 7 verschiedenen Modellen in der 40 cm breiten Glasrinne untersucht. Es ergaben sich hierbei z. T. beträchtliche Unterschiede in der Höhe des Abflußbeiwertes. Anschließend wurde an Hand eines Modellversuches auf die ungünstige Wirkung einer kurzen Zulaufstrecke zum Modell eingegangen, wenn das Wasser dabei aus einer Druckleitung in den kurzen offenen Kanal gelangt.

Im folgenden Kapitel wird auf die Berechnung des unvollkommenen Abflusses eingegangen und auf die Arbeiten von Eisner, Schmidt, Villemonte und Gunaji für den unvollkommenen Abfluß Bezug genommen. An Hand von 8 Beispielen aus der Praxis wurden eingehend die Berechnung, die Projektierung und der Bau von Venturikanälen sowie die vielseitige Verwendungsmöglichkeit dieses Abflußmeßgerätes gezeigt. Zu der Normung von Venturikanälen wurde anschließend Stellung genommen und auf Grund einer geplanten Typisierung von Gefludern Vorschläge für die Verwendung der entsprechenden Venturikanäle zur Abflußmessung gemacht. Besonders eingehend wurden die Venturikanäle mit nicht rechteckigem Querschnitt behandelt, da hierüber bisher wenige Angaben in der Literatur zu finden sind. Neben theoretischen Betrachtungen über die Berechnung des Abflusses für Dreieck- und Trapezprofile wird eingehend auf die in der Versuchsanstalt Karlshorst durchgeführten Messungen und ihre Ergebnisse eingegangen. Besonders ist hierbei zu erwähnen, daß die für beide Profile entwickelten Abflußgleichungen verwendbar sind und daß sich bei größeren Überströmungshöhen ebenfalls Abflußbeiwerte größer als 1 ergeben. Die Messung der Druckverteilung an der geneigten Seitenwand ergab Druckhöhen, die kleiner als die entsprechenden Wassertiefen waren. Somit hat die geneigte Wand eine ähnliche Wirkung wie die gekrümmte Sohlschwelle. In der Praxis ergibt sich oft die Notwendigkeit, Venturikanäle in einen Kanal mit Gefälle einzubauen. Bisweilen wird sogar in der Zuflußleitung schießende Strömung vorhanden sein. Beide Fälle „Strömen und Schießen" werden zunächst theoretisch behandelt und an Hand dieser theoretischen Untersuchungen und der durchgeführten Modellversuche Vorschläge über den Einbau des jeweils zweckmäßigsten Venturikanals gemacht. In einer Flußmodellstrecke mit fester

Sohle wurde die Wirkung einer seitlichen Einschnürung verschiedener Größe untersucht. Die Rauhigkeit der Sohle wurde so gewählt, daß die Wasserspiegellinien des Modells ohne Einschnürung mit denen der Natur für verschiedene Wasserstände übereinstimmen. Die anschließenden Einschnürungen verschiedener Größe ergaben einen neuen Verlauf der Wasserspiegellinien, die mit den ursprünglichen verglichen werden konnten.

Auf Grund dieser Untersuchungen wurde zu der Stauwirkung von Flußeinschnürungen Stellung genommen und eine Methode zur angenäherten Berechnung der Wirkung einer Flußeinschnürung bei unvollkommenem Abfluß entwickelt. Den Schluß der Arbeit bildet eine Betrachtung über die Ähnlichkeit der Modellversuche und ihre Übertragbarkeit auf die Natur.

N. Literaturangaben

[1] BALLOFFET, A.: Kritische Strömungsmesser (Venturikanäle) Proceedings ASCE Vol. 81, Nr. 743, Juli 1955.

[2] BLAU, E.: Untersuchungen von Venturikanälen mit rechteckigen Querschnitten. Wasserwirtschaft-Wassertechnik, 4. Jg./Heft 3, März 54.

[3] BLAU, E.: Die zeichnerische Lösung mehrerer hydraulischer Probleme. Wasserwirtschaft-Wassertechnik 1956, Heft 11.

[4] BLAU, E.: Untersuchungen über den Wechselsprung. Wasserwirtschaft-Wassertechnik 1955, Heft 7

[5] BÖSS: Berechnung der Abflußmengen und der Wasserspiegellage bei Abstürzen und Schwellen unter besonderer Berücksichtigung der dabei auftretenden Zusatzspannungen. Wasserkraft und Wasserwirtschaft 1929, Heft 2 und 3, 13/14, 28/33.

[6] CALDERINI, V.: Contronto con i risultati di esperienze procedenti L'Energia Elettrica, März 1937.

[7] CITRINI, D.: Übersetzung aus dem Italienischen. Ein Wassermengen-Meßgerät unter Benutzung des Wassersprunges: Zentrales Forschungsinstitut für die Anwendung der Ingenieurtechnik in der Landwirtschaft.

[8] DE MARCHI, G.: Dispositivi per la misura della portata dei canali con minime perdite di quota L'Energia Elettrica, Januar 1936 und März 1937.

[9] EISNER, F.: Überfallversuche in verschiedener Modellgröße Heft 11, Mitteilungen der Preußischen Versuchsanstalt für Wasser- und Schiffbau/1933.

[10] ENGEL, F.: Wassermessung mit offenen, seitlich eingeschnürten Kanälen (Venturikanälen). VDI Zeitschrift (1933) S. 1285ff.

[11] ENGEL, F.: Non-Uniform Flow of Water. The Engineer, 155 (1933).

[12] ENGEL, F.: The Venturi Flume. The Engineer, 158 (1934).

[13] ENGEL, F.: Venturi-Kanalmesser. ATM, März 1935, V 1253—2.

[14] ENGEL, F.: Abflußgleichungen für Venturikanäle. Deutsche Wasserwirtschaft (1937) S. 111ff.

[15] GARTHE, H.: Venturikanalmesser. ATM, März 1934—V 1253—1.

[16] HAESELER, O.: Neuzeitliche Meßgeräte für die Wassermessung in Druckleitungen und offenen Gerinnen. Deutsche Wasserwirtschaft, 1934, Nr. 3.

[17] KADEN, S.: Versuche zur Wasserspiegellage bei stationär ungleichförmiger, beschleunigter Bewegung. Wissenschaftl. Zeitschr. der Technischen Hochschule Dresden 5/1955/56/Heft 3.

[18] KHAFAGI: Der Venturikanal. Dissertation 1942, Zürich.

[19] MÜLLER, O.: Aus dem Grenzgebiet des wasser- und schiffbautechnischen Modellversuchswesens Sonderdruck aus: „Schiffbau, Schiffahrt, Hafenbau", 36, 1935.

[20] MUSTERLE: Abflußberechnungen bei Wehren mit breiter Krone mit Hilfe des Impulssatzes. Wasserwirtschaft: Jahrgang 30, Heft 21.

[21] SCHMIDT, M.: Die Berechnung unvollkommener Überfälle. Wasserwirtschaft, April 1957.

[22] VALLENTINE, H. R.: Flow in rectangular channels with lateral constriction plates. La Houille Blanche Jan.-Fev. 1958 No. 1.

[23] VENNEMANN, H.: Der Venturikanal im natürlichen Flußlauf. Dissertation Technische Hochschule Aachen 1956.

[24] VILLEMONTE, J. R., GUNAJI, V. N.: Equation for submerged sharp-crested weirs found applicable to 6-inch Parshall flume Civil Engineering, June 1953.

[25] WONIG, G.: Berechnung von Stau- und Senkungslinien nach dem zeichnerischen Verfahren von Blau. Wasserwirtschaft-Wassertechnik 1958, Heft 3.

[26] TRACY, H. J., CARTER, R. W.: Backwater Effects of open Channel Constrictions. Proceedings, ASCE, Vol. 80, Nr. 413, Febr. 1954.

O. VERZEICHNIS DER ABBILDUNGEN

Kolibri 360 GmbH
Ferdinand-Jühlke-Straße 7
99095 Erfurt, Deutschland
produktsicherheit@kolibri360.de